新型网络安全人才培养丛书

U0140493

软件安全开发指南

——应用软件安全级别验证参考标准

美国 OWASP 基金会　著

OWASP 中国/SecZone　译

电子工业出版社.

Publishing House of Electronics Industry

北京 · BEIJING

内 容 简 介

本书系统性地介绍了 OWASP 安全组织研究总结的应用安全验证标准，为软件开发过程中的安全控制措施开发提供了直接指导与必要参考。全书分为两大部分：第一部分介绍了应用安全验证要求的使用方法和参考案例。第二部分详细介绍了 19 项安全控制措施的验证要求，并针对每种安全验证介绍了不同级别的控制目标和详细要求。本书旨在帮助软件开发企业机构和团队提升有关应用软件安全开发的相关意识；并在应用软件设计、开发和测试过程中，能明确对功能性和非功能性安全控制的要求。

本书适合软件开发企业的管理人员和执行人员，从事软件安全开发相关的专业人员，以及高等院校软件工程、信息安全、信息管理等专业的研究生、本科生学习和参考。

图书在版编目（CIP）数据

软件安全开发指南：应用软件安全级别验证参考标准 / 美国 OWASP 基金会著；OWASP 中国，SecZone 译. —北京：电子工业出版社，2018.4

（新型网络安全人才培养丛书）

ISBN 978-7-121-33849-6

Ⅰ. ①软… Ⅱ. ①美… ②O… ③S… Ⅲ. ①软件开发—安全技术 Ⅳ. ①TP311.522

中国版本图书馆 CIP 数据核字（2018）第 048226 号

策划编辑：朱雨萌
责任编辑：朱雨萌　　　　特约编辑：刘广钦　刘红涛
印　　刷：三河市鑫金马印装有限公司
装　　订：三河市鑫金马印装有限公司
出版发行：电子工业出版社
　　　　　北京市海淀区万寿路 173 信箱　邮编　100036
开　　本：720×1000　1/16　印张：9.5　字数：160 千字
版　　次：2018 年 4 月第 1 版
印　　次：2018 年 4 月第 1 次印刷
定　　价：36.00 元

Preface
序 1

关于标准

本书是根据《OWASP 应用程序安全验证标准》翻译编写的。《OWASP 应用程序安全验证标准》是架构师、开发人员、测试人员、安全专业人员及用户可以使用的应用程序安全性要求或测试的列表，以定义安全的应用程序。

版权和许可证

发布历史

第 3.0.1 版《OWASP 应用程序安全验证标准》发布于 2016 年，该项目由 Daniel Cuthbert 和 Andrew van der Stock 领导。

• 2014 年 8 月，第 2.0 版《OWASP 应用程序安全验证标准》发布。

• 2015 年 9 月，第 3.0 版《OWASP 应用程序安全验证标准》发布。

• 2016 年 6 月，第 3.0.1 版《OWASP 应用程序安全验证标准》发布。

2015 年第 3.0 版的贡献者

项目负责人	主要作者	贡献者和审稿人
Andrew van der Stock	Jim Manico	Abhinav Sejpal
Daniel Cuthbert		Ari Kesäniemi
		Boy Baukema
		Colin Watson
		Cristinel Dumitru
		David Ryan
		François-Eric Guyomarc'h
		Gary Robinson
		Glenn Ten Cate
		James Holland
		Martin Knobloch
		Raoul Endres
		Ravishankar S
		Riccardo Ten Cate
		Roberto Martelloni
		Ryan Dewhurst
		Stephen de Vries
		Steven van der Baan

2014 年第 2.0 版的贡献者

项目负责人	主要作者	贡献者和审稿人
Daniel Cuthbert	Andrew van der Stock	Antonio Fontes
Sahba Kazerooni	Krishna Raja	Archangel Cuison
		Ari Kesäniemi
		Boy Baukema
		Colin Watson
		Dr Emin Tatli
		Etienne Stalmans
		Evan Gaustad
		Jeff Sergeant
		Jerome Athias
		Jim Manico
		Mait Peekma
		Pekka Sillanpää
		Safuat Hamdy
		Scott Luc
		Sebastien Deleersnyder

2009 年第 1.0 版的贡献者

项目负责人	主要作者	贡献者和审稿人
Mike Boberski	Jim Manico	Andrew van der Stock
Jeff Williams		Barry Boyd
Dave Wichers		Bedirhan Urgun
		Colin Watson
		Dan Cornell
		Dave Hausladen
		Dave van Stein
		Dr. Sarbari Gupta
		Dr. Thomas Braun
		Eoin Keary
		Gaurang Shah
		George Lawless
		Jeff LoSapio
		Jeremiah Grossman
		John Martin
		John Steven

项目负责人	主要作者	贡献者和审稿人
		Ken Huang
		Ketan Dilipkumar Vyas
		Liz Fong Shouvik Bardhan
		Mandeep Khera
		Matt Presson
		Nam Nguyen
		Paul Douthit
		Pierre Parrend
		Richard Campbell
		Scott Matsumoto
		Stan Wisseman
		Stephen de Vries
		Steve Coyle
		Terrie Diaz
		Theodore Winograd

Preface

序 2

欢迎使用《OWASP 应用程序安全验证标准（ASVS）》第 3.0.1 版。ASVS 是通过 OWASP 团队努力建立而成的安全要求和控制框架，其侧重于在应用程序设计、开发和测试时所需的功能和非功能安全控制。

本版本被认为是识别和采用的最佳实践经验。这将有助于新兴标准计划采用 ASVS 中的内容，同时协助现有的企业学习他人的经验。

OWASP ASVS 项目组预计这个标准可能永远不会达到 100%的完善并被认同。风险分析在某种程度上是主观的，这在尝试以适合所有标准的尺度进行泛化时，会产生挑战。但是，OWASP ASVS 项目组希望本版本的最新更新是朝着正确的方向迈出的一步，并期望能为行业引入这一重要的概念。

第 3.0.1 版有什么新功能

（1）在第 3.0.1 版本中，ASVS 增加了几个部分，包括配置、Web 服务等，使本标准更适用于现代应用，如 HTML5 前端或移动客户端、使用 SAML 身份验证来调用一组 RESTful Web 服务。

（2）为确保使用人员不需要多次重复验证相同的项目，第 3.0.1 版 ASVS 删除了重复的标准。

第 3.0.1 版 ASVS 提供了一个映射到 CWE 常见弱点的枚举（CWE）字典。CWE 映射可以用于识别信息利用的可能性，成功地利用这一结果。广义地说，如果不使用或实施安全控制及如何缓解弱点，那么还可以洞悉将来有可能出现的问题。

最后，在 2015 年 OWASP AppSec 欧洲大会期间，OWASP ASVS 项目组与其他项目组、专家进行了评审，并在 2015 年的 OWASP AppSec 美国大会进行了最后的工作会议，纳入大量反馈意见。OWASP ASVS 项目组希望读者能找到对本书有用的更新，并以项目组所能想象的方式使用它。

Preface

前言

背景

2016 年和 2017 年是我国网络安全行业飞速发展的两年。自 2016 年年底至 2017 年，国家先后发布并实施《网络空间安全战略》《网络安全法》《关于加强网络安全学科建设和人才培养的意见》等涉及网络安全方面的法律法规和政策文件。同时，"WannCry 勒索病毒""Structs2 漏洞""Office 高危漏洞"等这样的全球性网络安全事件也不时刺痛着人们的神经。越来越多的网络安全研究机构、软件研发机构、专家学者逐渐认识到"没有软件安全，就没有网络安全""安全不仅是网络安全专家的责任，更是每个软件开发从业人员的责任"。

那么，软件研发机构如何开发出安全的应用程序呢？安全的应用程序应该符合哪些标准呢？软件研发机构需要验证应用程序的哪些方面呢？本书是在这样的背景下翻译出版的。

ASVS 简介

"OWASP 应用程序安全验证标准（ASVS）"项目是 OWASP 全球安全组织的成功项目之一。该项目的主旨如下：为执行 Web 应用程序安全验证提供一套可行的标准，以规范应用程序的安全验证覆盖范围和安全级别。该项目的研究成果，即《OWASP 应用程序安全验证标准（ASVS）》，最新版本为第 3.0.1 版。

该成果不仅为 Web 应用程序技术安全控制提供了测试参考标准，还为应用程序开发人员提供了一系列安全开发需求建议。为测试应用程序技术安全控制及依赖于测试环境中的任何技术安全控制提供了参考依据，以消除应用程序受到跨站脚本（XSS）、SQL 注入等软件安全威胁的影响。此外，该成果还可用于标识应用程序的安全信任级别。

该成果可根据读者或使用人员的需要，作为度量标准、安全指导和采购要求。

（1）度量标准：为应用程序开发人员和应用程序所有者提供一个参考标准，以评估应用程序的可信任程度。

（2）安全指导：为应用程序中安全控制的开发人员提供有关构建安全控制的指导建议，以满足应用程序的安全开发需求。

（3）采购要求：为应用程序的采购合同，提供应用程序安全验证需求的参考标准。

读者对象

本书的主要读者对象包括但不限于：

（1）软件研发组织机构的技术专业负责人和项目主管。

（2）软件安全开发服务咨询与验证的相关人员。

（3）网络安全基础核心领域研究的专家学者。

（4）高等院校软件工程专业和网络安全专业的教育工作者。

（5）对软件安全开发感兴趣的个人。

内容结构

本书分为 3 篇，共 19 章。第一篇由第 1、2 章组成，对 ASVS 及其评估软件的使用方式进行了介绍。第二篇由第 3～18 章组成，分别介绍了 16 类验证关键点。第三篇由第 19 章组成，表述了 ASVS 的实践案例。

全书由王颉负责总体架构设计和质量控制，由 Rip、张家银担任翻译顾问，由包悦忠、李旭勤负责技术指导。第 1 章由王颉翻译，第 2 章由王厚奎翻译，第 3～10 章由王厚奎和吴楠共同翻译，第 11～18 章由吴楠翻译，第 19 章及附录由王厚奎翻译。全文由赵学文负责统稿与编排。

致谢

特别感谢 OWASP 总部对 OWASP 中国组织本中文版 ASVS 相关工作予以的支持。

感谢 OWASP 中国和 SecZone 自 *OWASP Application Security Verification Standard*（*V2.0*）发布以来对该项目持续的跟进、翻译、研究与分享。同时，也对该项目的参与人员表示感谢。

OWASP 中国将对 OWASP ASVS 项目保持跟进，持续完善和深化本书。

中文版说明

（1）本书为 *OWASP Application Security Verification Standard*（*V3.0.1*）的中文版。本书尽量保留原版本的格式与风格，但部分语言风格调整为中文表述。其中存在的差异，敬请谅解。

（2）为方便读者阅读和理解本书中的内容，本书对原英文版中明确内容为空的章节进行了删除，并对原英文版中的部分章节内容进行了顺序调整，致使本书的章节编号与原英文版中的章节编号不同。

（3）本书中的表格包含每条描述项的序号，以及其在原英文版中的原描述项序号，以方便读者进行匹配。

（4）由于译者团队水平有限，存在的错误敬请指正。

（5）如果您有关于本书的任何意见或建议，可以通过以下方式联系我们：

邮箱：project@owasp.org.cn

微信公众号：

OWASP ASVS 项目支持单位：

中文版工作团队成员简介：（按姓氏拼音顺序排序）

Rip

OWASP 中国主席

OWASP S-SDLC 项目、OWASP 中文项目、OWASP 中国各项目发起人，超过 15 年的安全领域从业经验，资深安全专家。

包悦忠

OWASP 中国副主席

加拿大滑铁卢大学应用科学硕士。曾任职亚马逊（中国）首席信息安全官、微软可信赖计算部总监。长期在北美和中国高科技软件和互联网公司从事信息安全管理、软件安全开发及相关流程体系建设。微软内部认证 SDL 讲师，曾负责为中国政府、电信和金融等行业大客户提供软件安全评估、SDL 培训及流程实施方面的咨询服务，帮助客户利用 SDL 的方法和实践，通过在软件开发生命周期过程中融入必要的安全活动，整体提高软件和应用的安全性。先后参与"OWASP Top 10" "OWASP 安全测试指南"等多个 OWASP 中国分部项目。

李绪勤

英国华威大学博士，长期关注金融业务风险、金融风险等领域。拥有超过 10 年 IT 工作经验和信息安全实践经验。

王厚奎

OWASP 中国广西区域负责人

南宁职业技术学院信息工程学院 副教授

硕士研究生，持有 CISP（CISO）、NISP、网络规划设计师、初级等保测评师、NSACE 网络信息安全讲师等资质证书，并取得中国信息安全测评中心颁发的 CISI 讲师资格。中国计算机学会会员、广西信息安全学会会员。拥有 14 年 IT 工作经验，8 年信息安全实践经验和培训教学经验，涉及网络管理、信息安全与风险管理、信息产品安全管理、信息安全省级项目调研等多个方面。自 2010 年加入 OWASP 组织和 OWASP 中国分部以来，先后参与了"OWASP Top 10""OWASP Cheat Sheets""OWASP Hacking-Lab"等多个应用安全研究项目。

王颉

OWASP 中国副主席

OWASP 中国成都区域负责人

深圳开源互联网安全技术有限公司 副总经理

英国拉夫堡大学网络安全博士。长期从事企业信息体系建设落地和软件开发全生命周期研究工作，具有丰富的信息安全学术研究和资深的企业信息化建设实践经验。自 2009 年加入 OWASP 组织和 OWASP 中国分部以来，曾参与了"OWASP 中文项目"和"OWASP S-SDLC 项目"两个 OWASP 全球项目，并先后主持、参与和独立开展了"OWASP Top 10""OWASP OpenSAMM""OWASP 安全编码规范快速参考指南""OWASP 安全测试指南"等多个 OWASP 中国分部项目，为在国内提高 OWASP 安全组织的影响力、提升 OWASP 研究成果的实用性和适用性做出了重要贡献。

吴楠

OWASP 中国辽宁区域负责人

大连银行 高级信息安全顾问

长期从事信息安全体系建设、银行业安全合规建设、S-SDLC 的研究工作，并深入项目实施安全代码审计。在从事信息安全工作前，曾多年从事全生命周期的软件开发及项目管理工作。获得 CISP、PMP、ISO 27001 IA、ISO 22301、Risk Mangement、CWASP L2 安全专家、国家软件工程师、C-CCSK、ITIL 等认证资质。自 2015 年加入 OWASP 组织和 OWASP 中国分部以来，先后参与了"OWASP Top 10""OWASP Cheat Sheets""OWASP Code Review"等应用安全项目，并从中积累了宝贵的经验。

张家银

OWASP S-SDLC 项目主要负责人

安徽开源互联网安全技术有限公司 总经理

拥有 15 年安全领域从业经验，资深 S-SDLC 专家。对软件安全开发流程、安全架构设计、应用安全解决方案、安全测试，以及应用安全扫描工具原理与设计有深入的研究与实践经验，曾主导完成全球最大云安全产品（年用户数 7+ 亿人次）的 S-SDLC 全流程及落地。

赵学文

OWASP 中国会员

"注册软件安全开发人员（CWASP CSSD）"认证持有者。自 2017 年加入 OWASP 中国分部以来，先后参与了 OWASP 中国组织的"OWASP Top 10 2017" "OWASP SAMM""OWASP Cheat Sheets""OWASP Code Review"等中文项目，为应用软件技术的研究与推广做出了积极项献。

Contents
目 录

第二篇　ASVS 详解

第三篇　ASVS 实践案例分析

附　录

第一篇 ASVS 概述

第 1 章
使用应用安全验证标准

本书的编写有两个主要目标：

（1）帮助组织开发和维护安全的应用程序。

（2）允许安全服务提供商、安全工具厂商和终端用户调整应用程序的安全要求和功能。

1.1 应用安全验证级别

应用程序安全验证标准定义了 3 个安全验证级别，每个级别的深度都在增加。

（1）ASVS 1 级适用于所有应用程序。

（2）ASVS 2 级适用于包含需要保护敏感数据的应用程序。

（3）ASVS 3 级适用于最关键的应用程序，包括处理高价值业务的应用程序、存储和处理敏感医疗数据的应用程序、需要最高级别信任度的应用程序。

每个 ASVS 级别包含一个安全需求的列表。这些需求通过开发商的软件开发也可以映射到特定安全的特性和功能。如图 1-1 所示，为第 3.0.1 版 OWASP 应用程序安全验证标准模型。

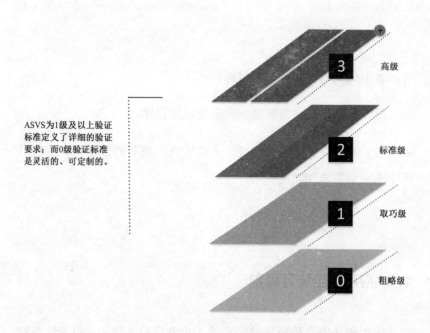

ASVS为1级及以上验证
标准定义了详细的验证
要求；而0级验证标准
是灵活的、可定制的。

图 1-1   第 3.0.1 版 OWASP 应用程序安全验证标准模型

1.2   如何使用这个标准

使用应用程序安全性验证标准的最佳方式之一是将其用作蓝图，创建特定于应用程序、平台或组织的安全编码清单。将 ASVS 调整到软件开发过程中的用例，将加强对项目和环境最重要安全要求的关注。

1.2.1 1 级验证标准：取巧级

如果应用程序充分防范《OWASP Top 10》和其他类似清单中包含的安全漏洞，它就实现了 ASVS 1 级（或取巧级）。

ASVS 1 级验证标准通常适用于具有较低安全控制需求的应用程序、对应用程序进行快速分析、协助编制安全需求的优先级列表。ASVS 1 级验证标准可以通过工具自动完成，也可以通过无须访问源代码的简单手动操作完成。我们认为，ASVS 1 级验证标准是应用程序所需的最低标准。

应用程序的威胁很可能来自攻击者。攻击者会使用容易发现和容易利用的漏洞对应用程序进行攻击。这与一个意志坚定的攻击者形成对比，后者将把精力集中在具体的应用程序上。如果组织机构的应用程序处理的数据具有很高的价值，那么组织机构会希望不仅仅是 1 级安全检查。

1.2.2 2 级验证标准：标准级

如果应用程序能够充分抵御当前与软件相关的大部分风险，那么应用程序就实现了 ASVS 2 级（或标准级）。

ASVS 2 级验证标准确保安全控制在应用程序中被恰当、有效地使用。ASVS 2 级验证标准通常适用于处理重要业务交易的应用程序，包括处理医疗信息、执行重要且敏感的业务、处理其他敏感资产。

对 ASVS 2 级应用程序的威胁通常来自熟练的、有动机的攻击者，他们使用工具和技术来关注特定的目标，这些工具和技术在发现和利用应用程序的弱点方面是非常有效的。

1.2.3 3 级验证标准：高级

ASVS 3 级是 ASVS 最高的验证级别。这个级别通常保留用于需要大量安全验证的应用程序，例如，在可能发现安全性问题的军事领域、健康和公共安全领域、关键基础设施等。组织可能需要 ASVS 3 级用于执行关键功能的应用程序，因为安全防护失败可能会对组织的运营产生重大影响，甚至影响组织的生存。下面提供了关于 ASVS 3 级应用的示例指导。如果应用程序充分防范高级的安全漏洞，并且还展示了良好的安全设计原则，它就达到了 ASVS 3 级验证标准。

ASVS 3 级需要比所有其他级别更深入的分析、架构、编码和测试。安全应用程序以有意义的方式进行模块化（以促进如弹性、可扩展性及最重要的安全层），并且每个模块（由网络连接或物理实例分隔）负责其自身的安全责任（防御深入），这需要妥善记录。责任包括确保机密性（如加密）、完整性（如交易、输入验证）、可用性

（如正常处理负载）、认证（包括系统之间）、不可否认性、授权、审计和日志记录的控制。

1.3 在实践中应用 ASVS

不同的威胁有不同的动机。一些行业具有独特的信息和技术资产，以及具体领域的法规要求。

下面提供关于 ASVS 级别的特定行业的指导。尽管对于每个行业存在一些独特的条件和不同的威胁，在所有行业领域一个共同的主题是投机取巧的攻击者。这样的攻击者会寻找应用程序中任何容易的脆弱点进行利用，这就是为什么"OWASP ASVS"建议所有应用程序至少达到 ASVS 1 级，而不论它们处在什么行业。这是一个建议的起点，用来管理最容易发现的风险。强烈建议组织基于其业务的性质更深入地研究其独特的风险特征。而另一个极端是 ASVS 3 级，它是为那些可能危及人身安全的案件保留的，或者当一个应用程序被破坏会完全地严重影响组织时，用高级验证标准。如表 1-1 所示为在不同行业中实践 ASVS。

表1-1　在不同行业中实践 ASVS

行　业	威胁概要	1 级建议	2 级建议	3 级建议
金融和保险	尽管这一阶段将经历取巧类型的攻击者的尝试，但它通常被认为是一个高价值的攻击目标，攻击者通常是出于经济动机。攻击者通常会寻找敏感的数据或账户凭证，这些数据可以被用来进行欺诈，或者通过利用内置在应用程序中的资金转移功能来直接获利。技术方面通常包括被窃取证书、应用级别的攻击和社会工程学。一些主要的合规事项包括支付卡行业数据安全标准（PCI DSS）、金融现代化法案（Gramm Leech Bliley Act）和萨班斯-奥克斯利法案（SOX）	所有网络可访问的应用程序	包含敏感信息的应用程序（例如，信用卡号码、个人信息）可以以有限的方式转移有限的金额。示例如下：①在同一机构的账户之间转账；②具有交易限额的较慢形式的货币流动（例如，ACH）；③在一段时间内具有强制转移限制的电汇	包含大量敏感信息、允许快速转移大量资金（例如，电汇）、以个别交易形式转移大量资金作为一批较小转账的应用程序
制造、交通运输、技术、公用事业、基础设施和国防	这些行业看起来有很大的差异，但是可能在一个阶段，社工威胁更有可能以更多的时间、技能和资源进行集中攻击组织。因为敏感信息或系统不容易定位，需要利用内部人员和社会工程学技术。攻击可能涉及内部人员、外部人员或两者之间的勾结。他们的目标可能包括获得知识产权的战略或技术优势。我们也不想忽视攻击者滥用应用功能来影响敏感信息系统的行为或中断敏感信息系统。 大多数攻击者正在寻找可用于直接或间接获利的敏感数据，包括个人身份信息和付款数据。这些数据可用于身份盗用、欺诈付款或各种欺诈计划	所有网络可访问的应用程序	应用程序包含内部信息或员工的可利用在社会工程学攻击方面的信息。应用程序包含非必要的、但重要的知识产权或商业秘密	包含有价值的知识产权、商业秘密或政府机密（例如，在美国，这可能是秘密或以上的任何分类）的应用程序对于组织的生存或成功至关重要。控制敏感功能的应用（例如，运输、制造设备、控制系统）或有可能威胁生命安全的应用程序

续表

行　业	威胁概要	1 级建议	2 级建议	3 级建议
医疗	大多数攻击者正在寻找可用于直接或间接获利的敏感数据，以包括个人身份信息和付款数据。这些数据可用于身份盗用，欺诈付款或各种欺诈计划。 对于美国医疗保健行业，健康保险的便携性和责任法案（HIPAA）隐私、安全、违规通知规则和患者安全规则	所有网络可访问的应用程序	具有少量或中等数量的敏感医疗信息（受保护的健康信息）、个人身份信息或付款数据的应用程序	应用程序用来控制医疗设备或可能危及人类生命的设备。支付和销售点系统（POS）含有大量的交易数据，可以用来提交欺诈。欺诈通过任何这些应用程序的管理界面进行
零售、食品、酒店	这一部分的许多攻击者利用投机取巧的"粉碎和抢夺"战术。然而，对于已知含有付款信息、执行金融交易或存储个人身份信息的应用程序，也存在针对特定攻击的常规威胁。虽然不如上述威胁的可能性更大，但也有可能会采取更为先进的威胁来攻击这个行业，窃取知识产权，获得竞争情报，或者与目标组织或商业伙伴在谈判中获得优势	所有网络可访问的应用程序	适用于商业应用，产品目录信息，内部公司信息和具有有限用户信息（例如，联系信息）的应用程序。具有少量或中等数量的付款数据或结账功能的应用程序	支付和销售系统（POS），其中包含可用于提交欺诈的大量交易数据。这包括这些应用程序的任何管理界面。具有大量敏感信息的应用程序，如完整的信用卡号码、姓名、社保号码等

第 2 章
评估软件是否达到验证水平

2.1 使用指导

《OWASP 应用程序安全性验证标准》可用作应用程序的开放式验证标准，包括无限制地访问关键资源（如架构师、开发人员）、项目文档、源代码、验证的访问测试系统（包括各角色至少访问一个账户），特别是 ASVS 2 级和 ASVS 3 级验证标准。

通常，渗透测试和安全代码审查包括"异常"的问题只在最终报告中才会出现。组织必须在相关报告中包括验证范围（特别是，如果关键组件超出范围的情况，例如，SSO 认证）、验证结果的摘要，包括通过和失败的测试，并明确指出如何解决测试失败。

保存详细的工作文件、屏幕截图或电影、可靠的和重复暴露问题的脚本、电子测试记录（例如，代理日志、相关注释等）被认为是标准行业实践，并且可以作为开发者非常有用的研究证据。简单地运行工具并报告失败是不够的，这不能够提供足够的证据来证明所有的认证级别问题已经经过彻底的测试。如有争议，应有足够的证据证明每个经过验证的要求都经过测试。

2.2 自动渗透测试工具的作用

鼓励自动渗透工具提供尽可能多的覆盖范围，并尽可能多地使用许多不同形式的恶意输入参数。

不可能使用自动渗透测试工具单独完全完成 ASVS 验证。虽然 1 级验证标准中的大部分要求可以使用自动化测试执行，但是大多数要求不适合自动渗透测试。

请注意，随着应用程序安全行业的成熟，自动化和手动测试之间的界限模糊不清。自动化工具通常由专家手动调整，手动测试人员经常利用各种自动化工具。

2.3 渗透测试的作用

可以执行手动渗透测试并验证所有 ASVS 1 级问题，而不需要访问源代码，但这不是主要的做法。ASVS 2 级验证至少需要访问开发人员、文档、代码和对系统进行身份验证的访问。由于大部分额外的问题涉及系统配置、恶意代码审查、威胁建模和其他非渗透测试伪装的检查，因此，无法完成 ASVS 3 级的完整渗透测试。

2.4　用作详细的安全架构指导

应用程序安全验证标准的更常见用途之一就是安全架构师的资源。两个主要的安全架构框架 SABSA 或 TOGAF 都缺少完成应用程序安全体系结构审查所需的大量信息。ASVS 可用于填补这些差距，允许安全架构师为常见问题（如数据保护模式和输入验证策略）选择更好的控制。

2.5　用作现有安全编码清单的替代

许多组织可以通过采用 ASVS，选择 3 个层次之一，或通过划分 ASVS 并以特定于域的方式更改每个应用程序风险级别所需的内容。只要维护可追溯性，我们就鼓励这种类型的分支，因此，如果应用程序已经通过了第 4.1 条的要求，这就意味着分支副本与标准一样可行。

2.6　用作自动化单元和集成测试指南

ASVS 被设计为高度可测试，除架构和恶意代码要求外。通过构建测试特定和相关的模糊和滥用情况的单元和集成测试，该应用程序几乎能自动验证每个构建。例如，可以通过登录控制器的测试套件，利用常用用户名的用户名参数、账户枚举、暴力破解、LDAP、SQL 注入及 XSS 制作额外的测试。类似地，密码参数测试应包括常用密码、密码长度、空字节注入、删除参数、XSS、账号枚举等。

2.7　用作安全开发培训

ASVS 也可用于定义安全软件的特性。许多"安全编码"课程只是道德黑客课程，具有轻微的编码技巧，这不利于开发人员学习和提升。相反，安全开发课程可以使用 ASVS 来强调 ASVS 中的主动控制，而不是仅遵从《OWASP Top 10 中列明的内容》。

第二篇 ASVS 详解

第 3 章

V1：架构、设计和威胁建模

3.1 控制目标

经过验证的应用程序，需确保满足如下高级别要求。

（1）ASVS 1 级：需识别应用程序中所有的组件，并明确应用程序中使用该组件的原因。

（2）ASVS 2 级：应用程序已定义架构，并且代码遵循架构设计。

（3）ASVS 3 级：架构及设计方案具体落地、实施并有效地应用于程序中。

3.2 验证要求

表 3-1 所示为架构、设计和威胁建模的验证要求。

表 3-1　架构、设计和威胁建模的验证要求

序　号	验证要求描述	1级	2级	3级	原文序号
1	验证是否所有应用程序组件已被识别，且此组件为应用程序必需的组件	✔	✔	✔	1.1
2	验证是否应用程序所依赖的组件已被识别，如库、模块和外部系统（这些组件不是此应用程序的一部分，但应用程序的操作依赖于它们）		✔	✔	1.2
3	验证是否应用程序已定义了高级别架构		✔	✔	1.3
4	验证是否所有应用程序组件都是根据它们提供的业务功能和安全功能来定义的			✔	1.4
5	验证所有不是应用程序的组件，但是应用程序所依赖的组件是根据它们提供的功能和安全功能来定义的			✔	1.5
6	验证目标应用程序的威胁模型是否已生成，并覆盖与欺骗、篡改、拒绝、信息泄露、拒绝服务和特权提升（STRIDE）相关的风险			✔	1.6
7	验证所有的安全控制（包括调用外部安全服务的库）都采用集中化的方式实现		✔	✔	1.7
8	验证组件是否通过使用已定义的安全控制实现相互隔离（例如，网络分段、防火墙规则、基于云的安全组）		✔	✔	1.8
9	验证是否应用程序在数据层、控制器层和显示层之间有明确的分离，以便安全决策可以在受信任的系统上执行		✔	✔	1.9
10	验证是否在客户端代码中存有敏感的业务逻辑、秘密密钥或者其他所有权信息		✔	✔	1.10
11	验证是否所有应用程序组件、库、模块、框架、平台和操作系统中存有已知漏洞		✔	✔	1.11

3.3 参考文献

有关详细信息，请参阅：

（1）威胁建模 Cheat Sheet。https://www.owasp.org/index.php/Application_Security_Architecture_Cheat_Sheet

（2）攻击面分析 Cheat Sheet。https://www.owasp.org/index.php/Attack_Surface_Analysis_Cheat_Sheet

第 4 章

V2：认证

4.1 控制目标

认证是一种用以建立或者确认某件事物（或者某个人）是否如其所声称的或本身具有的真实行为。确保经验证后的应用程序满足如下高级别要求：

（1）验证通信发送者的数字身份标识。

（2）确保仅授权的实体能够以安全的方式进行身份认证和凭证传输。

4.2 验证要求

表 4-1 所示为认证的验证要求。

表 4-1　认证的验证要求

序　号	验证要求描述	1级	2级	3级	原文序号
1	验证所有的页面和资源在默认情况下需要认证（除了公共目的的页面或资源）	✓	✓	✓	2.1
2	验证应用程序没有填写包含凭证的表单。应用程序的预填充，意味着凭证是以明文或可逆的格式存储的，这是明确禁止的	✓	✓	✓	2.2
3	验证所有认证控制强制在服务器端执行	✓	✓	✓	2.4
4	验证所有认证控制，以确保攻击者无法登录	✓	✓	✓	2.6
5	验证密码输入字段允许或鼓励使用密码短语，并且不阻止密码管理器、长密码短语或者高复杂密码的输入	✓	✓	✓	2.7
6	验证所有可重新获得账户访问的账户身份验证功能（例如，更新配置文件、忘记密码、禁用或丢失令牌、帮助桌面或 IVR）是否可作为主要的身份认证机制来抵抗攻击	✓	✓	✓	2.8
7	验证更改密码功能包含"旧密码""新密码"和"密码确认"	✓	✓	✓	2.9
8	验证是否所有认证判断结果均被记录，而不存储敏感的会话标识符或密码。日志应包含安全调查所需的相关元数据		✓	✓	2.12
9	验证账户密码是否以哈希加盐的方式哈希存储，并且确保实施充分的工作以抵挡暴力攻击和密码散列恢复攻击		✓	✓	2.13
10	验证凭证是否通过适当的加密链接方式传输，并且所有要求用户输入凭证的页面或函数都使用加密链接的方式完成	✓	✓	✓	2.16

序　号	验证要求描述	1级	2级	3级	原文序号
11	验证忘记密码函数功能和其他恢复路径不应泄露用户当前的密码，并且新密码不应以明文形式发送给用户	✔	✔	✔	2.17
12	验证信息枚举不能通过登录、密码重置或忘记账号功能进行	✔	✔	✔	2.18
13	验证应用程序框架或应用程序使用的任何组件没有使用默认的密码（例如，"admin/password"）	✔	✔	✔	2.19
14	验证反自动化功能是否落地，以有效防止破坏凭证测试、暴力破解和账户锁定攻击	✔	✔	✔	2.20
15	验证用于访问外部服务的应用程序，其所有认证凭证是否加密并在受保护的位置存储		✔	✔	2.21
16	忘记的密码和其他恢复路径使用一个 TOTP 或其他软令牌、移动推送或其他离线恢复机制。在电子邮件或短信中使用随机值通常是最后选择的手段，其存在已知脆弱性	✔	✔	✔	2.22
17	验证账号锁定是否分为锁定和锁死状态，它们不是互斥的。如果由于暴力攻击导致账户暂时被锁定，则不应重置为锁死状态		✔	✔	2.23
18	验证如需基于问题的共享知识（也称为"秘密问题"），那么这些问题不应违反隐私法律，并且足够强壮以保护账户免受恶意恢复	✔	✔	✔	2.24
19	验证系统是否配置密码记忆功能，即不允许重复使用之前的密码		✔	✔	2.25
20	验证基于风险的双重认证、双因素认证或交易签名应切实地应用到高价值的交易处理中		✔	✔	2.26
21	验证是否已采取措施来阻止常用的密码和弱密码的使用	✔	✔	✔	2.27

续表

序　号	验证要求描述	1级	2级	3级	原文序号
22	验证所有认证挑战（无论成功还是失败）都应在相同的平均响应时间内进行响应			✔	2.28
23	验证秘密信息、API 密钥和密码没有包含在源代码和在线源代码库中			✔	2.29
24	验证如果应用程序允许用户进行身份验证，需使用双因素身份验证、其他强身份验证或任何类似的方案来提供保护，防止用户名和密码的泄露		✔	✔	2.31
25	验证是否不受信任方无法访问管理员接口	✔	✔	✔	2.32
26	除非基于风险的策略明确禁止，否则浏览器自动填充和集成密码管理器是允许的	✔	✔	✔	2.33

4.3　参考文献

有关详细信息，请参阅：

（1）OWASP 测试指南 4.0：认证测试。https://www.owasp.org/ index.php/ Testing_for_authentication

（2）密码存储 Cheat Sheet。https://www.owasp.org/index.php/ Password_ Storage_Cheat_Sheet

（3）忘记密码 Cheat Sheet。https://www.owasp.org/index.php/ Forgot_ Password_Cheat_Sheet

（4）选择和使用安全问题 Cheat Sheet。https://www.owasp.org/ index.php/ Choosing_and_Using_Security_Questions_Cheat_Sheet

第 5 章

V3：会话管理

5.1　控制目标

控制和维护用户与之交互状态的机制，是所有基于 Web 应用程序的核心组件之一，被称为会话管理。其被定义为在用户和基于 Web 的应用程序之间，治理全状态交互的所有控制的集合。

确保经验证的应用程序满足如下会话管理的高级别要求：

（1）会话对每个实体来说是唯一的，不能被猜到或共享。

（2）在非活动周期内，当会话不再被需要或超时时，会话将被无效化。

5.2　验证要求

表 5-1 所示为会话管理的验证要求。

表 5-1　会话管理的验证要求

序　号	验证要求描述	1 级	2 级	3 级	原文序号
1	验证非自定义会话管理器或自定义会话管理器针对所有常见的会话管理攻击均有抵制	✔	✔	✔	3.1
2	验证会话在用户注销时失效	✔	✔	✔	3.2
3	验证会话在指定的不活动时间后超时	✔	✔	✔	3.3
4	验证在可管理配置的最大时段之后会话超时，不论任何行为（绝对超时）		✔	✔	3.4
5	验证所有需要认证的页面都具有清晰可见的注销功能	✔	✔	✔	3.5
6	验证在 URL、错误消息或日志中绝不能披露会话 ID，其包括验证应用程序不支持会话 cookie 的 URL 重写	✔	✔	✔	3.6
7	验证所有认证成功和重新认证后，都将生成新的会话和会话 ID	✔	✔	✔	3.7
8	验证仅由应用程序框架所生成的会话 ID 是否被应用程序识别为活动状态		✔	✔	3.10
9	验证在正确的活动会话基础上，会话 ID 需足够长、随机且唯一	✔	✔	✔	3.11
10	验证存储在 Cookie 中的会话 ID，路径针对应用程序和认证会话令牌设置一个合理的限定值，并追加设置"HttpOnly"和"secure"属性	✔	✔	✔	3.12
11	验证应用程序所限制的有效并发会话数量	✔	✔	✔	3.16
12	验证有效的会话列表是否显示在账户配置文件中，以及用户彼此相同。用户应能够终止任何有效的会话	✔	✔	✔	3.17
13	在成功更改密码过程后，验证用户是否被提示"选择终止所有有效的会话"	✔	✔	✔	3.18

5.3 参考文献

有关详细信息，请参阅：

（1）OWASP 测试指南 4.0：会话管理测试。https://www.owasp.org/
index.php/ Testing_for_Session_Management

（2）OWASP 会话管理 Cheat Sheet。https://www.owasp.org/
index.php/ Session_Management_Cheat_Sheet

6.1 控制目标

授权是仅获得许可的实体才被授予资源访问的概念。确保经验证后的应用程序满足如下高级别要求：

（1）访问资源者持有有效身份证件。

（2）用户与一组明确定义的角色和特权关联。

（3）角色和权限元数据免受重播或篡改。

6.2 验证要求

表 6-1 所示为访问控制的验证要求。

表 6-1 访问控制的验证要求

序 号	验证要求描述	1级	2级	3级	原文序号
1	验证最小特权的原则：用户应仅能够访问函数、数据文件、URL、控制器、服务和其他资源，它们处理特定的授权，它们使应用程序免受欺骗和提权	✓	✓	✓	4.1
2	验证对敏感记录的访问是否实施了保护措施，这样只有授权的对象或数据才允许访问（例如，防止用户篡改参数或更改其他用户账户）	✓	✓	✓	4.4
3	验证目录遍历是禁用的，除非故意为之。此外，应用程序不应允许发现或泄露文件或目录元数据，例如，Thumbs.db、.DS_Store、.git 或.svn	✓	✓	✓	4.5
4	验证访问控制是否以安全的方式显示失败处理	✓	✓	✓	4.8
5	验证表示层访问控制规则是否在服务器端强制执行	✓	✓	✓	4.9
6	验证访问控制使用的所有用户和数据属性、策略信息不能被终端用户操纵，除非特别授权		✓	✓	4.10
7	验证是否存在集中化机制（包括调用外部授权服务的库），以保护对每种受保护资源的访问			✓	4.11
8	验证是否可以记录所有访问控制决定，并记录所有失败的决定		✓	✓	4.12
9	验证应用程序或框架是否使用强大的随机数（抵御 CSRF 令牌）或具有其他事务处理保护机制	✓	✓	✓	4.13
10	验证系统能抵御对安全功能、资源或数据的持续访问。例如，考虑使用资源治理器来限制每小时编辑的数量，或阻止整个数据库被单个用户独占		✓	✓	4.14
11	验证应用程序是否具有针对较低价值系统的额外授权（例如，升级或自适应认证）或高价值应用程序的职责隔离，以根据应用程序和过去欺诈的风险执行反欺诈控制		✓	✓	4.15
12	验证应用程序是否正确强制执行了上下文相关的授权，以禁止通过参数篡改进行未经授权的操作	✓	✓	✓	4.16

6.3　参考文献

有关详细信息，请参阅：

（1）OWASP 测试指南 4.0：授权。https://www.owasp.org/index.php/Testing_for_Authorization

（2）OWASP 访问控制 Cheat Sheet。https://www.owasp.org/index.php/Access_Control_Cheat_Sheet

第 7 章

V5：恶意输入处理

7.1 控制目标

最常见的 Web 应用程序安全性、脆弱性是由于在使用程序输入内容之前，没有正确合理地验证来自客户端或外部环境的输入。这一脆弱性几乎导致了 Web 应用程序中的所有关键漏洞，如跨站脚本攻击、SQL 注入、解释器注入、locale/Unicode 攻击、文件系统攻击和缓冲区溢出。

确保经验证后的应用程序满足如下高级别要求：

（1）验证所有输入是正确的，符合预期目的。

（2）绝不信任来自外部实体或客户端的数据，应该采取相应的处理措施。

7.2 验证要求

表 7-1 所示为恶意输入处理的验证要求。

表 7-1 恶意输入处理的验证要求

序　号	验证要求描述	1 级	2 级	3 级	原文序号
1	验证运行时环境不易受到缓冲区溢出的影响，或安全控制可预防缓冲区溢出	✓	✓	✓	5.1
2	验证服务器端输入验证失败是否导致请求被拒绝且被记录		✓	✓	5.3
3	验证输入验证规则是否强制在服务器端执行	✓	✓	✓	5.5
4	验证应用程序为所获得的每种类型的数据使用单个输入验证控件			✓	5.6
5	验证所有 SQL 查询、HQL、OSQL、NOSQL 和存储过程,调用存储过程是否使用预定义的声明语句或参数化查询,以免受 SQL 注入的影响	✓	✓	✓	5.10
6	验证应用程序不受 LDAP 注入的影响,或该安全控制能预防 LDAP 注入攻击	✓	✓	✓	5.11
7	验证应用程序不受 OS Command 注入的影响,或者该安全控制可预防 OS Command 注入攻击	✓	✓	✓	5.12
8	当使用文件路径时,验证应用程序不受远程文件包含（RFI）或本地文件包含（LFI）的影响	✓	✓	✓	5.13
9	验证应用程序不受常见的 XML 攻击的影响, 如 XPath 查询篡改、XML 外部实体攻击和 XML 注入攻击	✓	✓	✓	5.14
10	确保放置在 HTML 或其他 Web 客户端代码中的所有字符串变量都可以手动进行上下文编码,也可以使用模板自动编码内容,以确保应用程序不受到反射、存储和 DOM 跨站脚本（XSS）攻击的影响	✓		✓	5.15
11	如果应用程序框架允许入站请求对模型的参数进行自动化的批量设置,请验证诸如"accountBalance""role""password"之类的安全敏感字段,以免受到恶意的自动化参数绑定		✓	✓	5.16

序　号	验证要求描述	1级	2级	3级	原文序号
12	验证应用程序具有针对 HTTP 参数污染攻击的防御能力，特别是在应用程序框架不区分请求参数来源（如 GET、POST、Cookie、标题、环境等）的情况下		✓	✓	5.17
13	除服务器端验证之外，用客户端验证作为第二道防线		✓	✓	5.18
14	验证是否所有输入数据均被验证，不仅是 HTML 表单字段，而且包含其他所有输入来源，例如，REST 调用、查询参数、HTTP 头、Cookie、批处理文件、RSS 种子等；使用积极的验证策略（白名单），然后辅之以灰名单（消除已知的不正确字符串）或拒绝不正确输入（黑名单）		✓	✓	5.19
15	验证结构化数据是否是强类型，并基于定义的结构进行验证，定义的结构包括：允许的字符、长度和模式（例如，信用卡号或电话、或验证两个相关字段是否合理，如验证区域和邮政编码匹配）		✓	✓	5.20
16	验证非结构化数据是否强制执行通用安全措施，实现数据清洗，例如，允许的字符和长度，并在特定条件下可能有害的字符应被转义（例如，使用 Unicode 或单引号编辑的名称，比如，ねこ 或 O'Hara）		✓	✓	5.21
17	确保来自 WYSIWYG 编辑器或类似文件中的不可信 HTML 已经通过 HTML 清洗器进行了正确清洗，并根据输入的验证任务和编码任务进行适当的处理	✓	✓	✓	5.22
18	对于自动转义模板技术，如果 UI 转义存在缺陷，请确保启用 HTML 清洗处理		✓	✓	5.23
19	验证从一个 DOM 传输到另一个 DOM 上的数据使用了安全的 JavaScript 方法，例如，使用.innerText 和.val		✓	✓	5.24
20	验证在浏览器中解析 JSON 时，验证 JSON.parse 是否用于解析客户端上的 JSON。不要使用 eval( )来解析客户端上的 JSON		✓	✓	5.25
21	验证在会话终止后，经验证的数据已从客户端存储（例如，浏览器 DOM）中清除		✓	✓	5.26

7.3　参考文献

有关详细信息，请参阅：

（1）OWASP 测试指南 4.0：输入验证测试。https://www.owasp.org/index.php/Testing_for_Input_Validation

（2）OWASP 输入验证 Cheat Sheet。https://www.owasp.org/index.php/Input_ Validation_Cheat_Sheet

（3）OWASP 测试指南 4.0：HTTP 参数污染测试。https://www.owasp.org/index.php/Testing_for_HTTP_Parameter_pollution_%28OTG-INPVAL-004%29

（4）OWASP LDAP 注入 Cheat Sheet。https://www.owasp.org/index.php/ LDAP_Injection_Prevention_Cheat_Sheet

（5）OWASP 测试指南 4.0：客户端测试。https://www.owasp.org/index.php/ Client_Side_Testing

（6）OWASP 预防跨站脚本攻击 Cheat Sheet。https://www.owasp.org/index. php/XSS_%28Cross_Site_Scripting%29_Prevention_Cheat_Sheet

（7）OWASP Java 编码化项目。https://www.owasp.org/ index.php/ OWASP_ Java_Encoder_Project

有关自动转义的更多信息，请参阅：

（1）通过模板系统中上下文自动感知转义 XSS 攻击。http:// googleonlinesecurity.blogspot.com/2009/03/reducing-xss-by-way-of-aut omatic.html

（2）AngularJS 严格上下文转义。

https://docs.angularjs.org/api/ng/service/$sce

https://cwe.mitre.org/data/definitions/915.html

第 8 章

V6：密码学安全

8.1 控制目标

确保经验证的应用程序满足如下高级要求：

（1）所有加密模块均以安全的方式处理失败的业务，且错误被正确处理。

（2）当需要随机性时，使用合适的随机数生成器。

（3）以安全的方式管理密钥的访问。

8.2 验证要求

表 8-1 所示为密码安全学的验证要求。

表 8-1 密码安全学的验证要求

序 号	验证要求描述	1 级	2 级	3 级	原文序号
1	验证所有加密模块均以安全的方式处理，在不使 oracle padding 的情况下处理错误	✓	✓	✓	7.2
2	使用加密模块批准的随机数生成器，验证所有随机数、随机文件名、随机 GUID 和随机字符串是不可能被攻击者猜测的		✓	✓	7.6
3	验证应用程序使用的加密算法已针对 FIPS 140-2 或同等标准进行了验证	✓	✓	✓	7.7
4	验证加密模块是否按照已公布的安全策略在其批准模式下运行			✓	7.8
5	验证对于加密密钥如何管理是否有明确的政策（例如，生成、分发、撤销和过期）。验证此密钥是否在生命周期内正确执行		✓	✓	7.9
6	验证加密服务的所有用户都不能直接访问密钥材料。隔离加密过程（包括加密密钥），并考虑使用虚拟或物理硬件密钥库（HSM）			✓	7.11
7	个人可识别信息应被静态加密存储，并确保在可信信道进行通信		✓	✓	7.12
8	验证内存中维护的敏感密码或密钥材料在不需要的情况下被 0 重写，以避免存储转存攻击		✓	✓	7.13
9	验证所有密钥和密码是可替换的，并在安装时生成或替换		✓	✓	7.14
10	验证即使在应用程序处于重负荷状态或者在循环中降级的情形下，仍需使用合适的熵值生成随机数			✓	7.15

8.3 参考文献

有关详细信息，请参阅：

（1）OWASP 测试指南 4.0：弱加密测试。https://www.owasp.org/index.php/Testing_for_weak_Cryptography

（2）OWASP 加密存储 Cheat Sheet。https://www.owasp.org/ index. php/ Cryptographic_Storage_Cheat_Sheet

第 9 章

V7：错误处理和日志记录

9.1 控制目标

错误处理和日志记录的主要目标是为用户、管理员和事件响应小组提供有用的响应。其目标不是为了制造大量的冗余日志，而是高质量的日志。

高质量的日志通常包含敏感数据，且必须依据当地数据隐私法律或指令进行合理的保护。这应该包括：

（1）如无特殊需求，不要收集或记录敏感信息。

（2）确保所有记录的信息得到安全处理，并依据它的数据分类进行合理保护。

（3）确保日志不被永远保存，而是具有尽可能短暂的完整生命周期。

日志中是否包含私有或敏感数据，其界限因国家的不同而不同；日志已成为应用程序所持有的最敏感信息之一，而且它本身对攻击者非常具有吸引力。

9.2 验证要求

表 9-1 所示为错误处理和日志记录的验证要求。

表 9-1　错误处理和日志记录的验证要求

序　号	验证要求描述	1级	2级	3级	原文序号
1	验证应用程序没有输出有助于攻击者利用且包含敏感信息的错误消息或堆栈跟踪信息，如会话 ID、软件版本、框架版本和个人信息	✓	✓	✓	8.1
2	验证安全控制中的错误处理逻辑默认是拒绝访问的		✓	✓	8.2
3	验证安全日志记录控制能成功记录日志，特别是与安全相关的失败事件		✓	✓	8.3
4	验证每个日志事件是否包括必要的信息，以便在事件发生时依据时间节点进行详细的调查取证		✓	✓	8.4
5	验证包含不受信任数据源的所有事件不会在日志查看软件中执行代码		✓	✓	8.5
6	验证安全日志是否受到保护以防止未经授权的访问和修改		✓	✓	8.6

续表

序　号	验证要求描述	1 级	2 级	3 级	原文序号
7	验证应用程序不应记录如下敏感数据： （1）当地隐私法律或法规定义的敏感数据； （2）风险评估后组织定义的敏感数据； （3）可能有助于攻击者利用的敏感认证数据，包括用户的会话标识符、密码、散列或 API 令牌		✓	✓	8.7
8	验证所有不可打印的符号和字段分隔符是否在日志条目中正确编码，以防止日志注入			✓	8.8
9	验证来自受信源和不受信源的日志字段在日志条目中是否可区分			✓	8.9
10	验证审计日志或类似条件考虑到关键事务的不可否认性	✓	✓	✓	8.10
11	验证安全日志是否有完整的检查或控制，以防止未经授权的修改			✓	8.11
12	验证日志是否存储在一个不同的分区上，而不是应用程序所运行的日志循环			✓	8.12
13	时间源应同步，确保日志具有正确的时间	✓	✓	✓	8.13

9.3 参考文献

有关详细信息，请参阅：

（1）OWASP 测试指南 4.0 内容：错误处理测试。https://www.owasp.org/index. php/Testing_for_Error_Handling

第 10 章

V8：数据保护

10.1 控制目标

健全的数据保护有 3 个关键要素：保密性、完整性和可用性（CIA）。验证标准假定数据保护在受信的系统上实施（如服务器），该服务器已被加固并具有充分的保护。

应用程序必须假设所有用户设备都会以某种方式受到威胁。如果应用程序在诸如共享计算机、电话和平板电脑之类的不安全设备上传输或存储敏感信息，则应用程序应负责保证存储在设备上的数据实施了加密，且不能被非法获取、更改或公开。

确保经验证的应用程序满足以下高级数据保护要求。

（1）机密性：保护数据，防止数据在传输和存储过程中未经授权地被查看或披露。

（2）完整性：保护数据，防止攻击者未经授权而恶意创建、更改或删除数据。

（3）可用性：当授权用户需要时，数据是可用的。

10.2　验证要求

表 10-1 所示为数据保护的验证要求。

表 10-1　数据保护的验证要求

序　号	验证要求描述	1 级	2 级	3 级	原文序号
1	验证所有包含敏感信息的表单需禁用客户端缓存，包括自动完成功能	✓	✓	✓	9.1
2	验证由应用程序处理的敏感数据列表已被识别，并且有一项明确政策是，如何在相关的数据保护指令下对这些数据进行控制、加密和强制执行			✓	9.2
3	验证所有敏感数据是在 HTTP 消息体或头中被发送给服务器的（如从不使用 URL 参数发送敏感数据）	✓	✓	✓	9.3
4	验证应用程序是否根据应用程序的风险设置合适的反缓存标头，例如： Expires: Tue, 03 Jul 2001 06:00:00 GMT Last-Modified: {now} GMT Cache-Control: no-store, no-cache, must-revalidate, max-age=0 Cache-Control: post-check=0, pre-check=0 Pragma: no-cache	✓	✓	✓	9.4

续表

序　号	验证要求描述	1级	2级	3级	原文序号
5	验证在被授权的用户访问敏感数据后，存储的所有敏感信息的缓存或临时副本都不会受到未经授权的访问、清除或失效		✔	✔	9.5
6	验证在需求的保留策略执行结束时，是否有一种方法能从应用程序中删除每种类型的敏感数据			✔	9.6
7	验证应用程序是否使请求中的参数数量最小化，例如，隐藏字段、Ajax 变量、Cookie 和标头值		✔	✔	9.7
8	验证应用程序是否有能力检测和报告异常数量的数据收集请求，例如，屏幕抓取			✔	9.8
9	验证存储在客户端的数据，不包含敏感数据或个人可识别信息 PII（例如，HTML5 本地存储、会话存储、IndexedDB、常规 Cookie 或 Flash Cookie）	✔	✔	✔	9.9
10	如果数据是根据相关的数据保护指令收集的，或者需要访问记录，那么需验证访问敏感数据是否被准确记录		✔	✔	9.10
11	验证内存中维护的敏感信息，一旦不再需要，就会被 0 重写，以减轻内存数据污染攻击		✔	✔	9.11

10.3　参考文献

有关详细信息，请参阅：

用户隐私保护 Cheat Sheet。https://www.owasp.org/index.php/User_Privacy_Protection_Cheat_Sheet

第 11 章

V9：通信安全

11.1　控制目标

确保经验证的应用程序满足以下高级别要求：

（1）传输敏感数据时，使用 TLS。

（2）使用强大的加密算法。

11.2　验证要求

表 11-1 所示为通信安全的验证要求。

表 11-1　通信安全的验证要求

序　号	验证要求描述	1级	2级	3级	原文序号
1	验证一条路径构建可以从一个受信任的 CA 到每个传输层安全（TLS）服务器证书，并且每个服务器证书都是有效的	✓	✓	✓	10.1

序　号	验证要求描述	1 级	2 级	3 级	原文序号
2	验证 TLS 用于所有连接（包括外部和后端连接），这些连接都是经过身份验证的，也包括敏感数据或函数；并且这些连接不会回退到不安全或未加密的协议。确保最强的替代方案应用了最合适的算法	✓	✓	✓	10.3
3	验证是否记录了后台 TLS 连接失败的信息			✓	10.4
4	验证已使用设定的信任集合及撤销信息，对所有客户端证书建立并验证证书路径			✓	10.5
5	验证涉及敏感信息或功能的所有与外部系统的连接是否经过认证		✓	✓	10.6
6	验证应用程序使用了标准 TLS 实现，并在经批准的操作模式下运行应用程序。见本章参考文献（2）			✓	10.8
7	验证 TLS 证书公钥绑定（HPKP）是否使用生产和备份的公钥实现。更多信息，请参阅本章参考文献（3）		✓	✓	10.10
8	验证 HTTP 严格传输安全性头文件是否包含在所有请求和所有子域中，如 Strict-Transport-Security: max-age = 15724800; includeSubdomains	✓	✓	✓	10.11
9	验证生产环境中的网站 URL 是否已提交给 Web 浏览器供应商维护的严格传输安全域的预加载列表			✓	10.12
10	确保使用向前加密密码来降低被动攻击者的流量记录	✓	✓	✓	10.13
11	验证是否启用和配置了正确的认证撤销处理，如在线证书状态协议（OCSP）Stapling	✓	✓	✓	10.14
12	验证所有证书层次结构中，均使用强壮的算法、密码和协议，包括所选认证机构的根和中间证书	✓	✓	✓	10.15
13	确认 TLS 设置与当前的最新实践是一致的，特别是常见配置，密码和算法变得不安全的情况下	✓	✓	✓	10.16

11.3 参考文献

有关详细信息，请参阅：

（1）OWASP TLS Cheat Sheet。https://www.owasp.org/ index.php/ Transport_Layer_Protection_Cheat_Sheet

（2）关于"批准的 TLS 模式"的注释。过去，ASVS 指的是美国标准 FIPS 140-2，但作为一种全球标准，应用美国标准可能是困难的、矛盾的或令人困惑的。一个更好的方法是对 10.8 的合规性进行检查，例如，（https://wiki.mozilla.org/Security/Server_Side_TLS），生成已知良好的配置（https://mozilla.github.io/server-side-tls/ssl-config- generator/），并使用已知的 TLS 评估工具，如 sslyze、各种漏洞扫描器或可信的 TLS 在线评估服务，以获得所需的安全级别。总的来说，我们认为不合规是使用了过时的或不安全的密码和算法、缺乏完美的前保密、过时的或不安全的 SSL 协议、弱的首选密码，等等。

（3）证书绑定。有关更多信息，请查看 https://tools.ietf.org/html/ rfc7469。对于生产和备份密钥，证书绑定背后的基本原理是业务连续性，请查看 https://noncombatant.org/ 2015/05/01/about-http-public- key-pinning/

（4）OWASP 证书绑定 Cheat Sheet。https://www.owasp.org/index.php/Pinning_Cheat_Sheet

（5）OWASP 证书和公钥绑定。https://www.owasp.org/index.php/Certificate_and_Public_Key_Pinning

（6）第一次使用（TOFU）绑定。https://developer.mozilla.org/en/docs/Web/ Security/Public_Key_Pinning

（7）预加载 HTTP 严格的传输安全性。https://www.chromium.org/hsts

（4）OWASP 防御规则 X Cheat Sheet ：https://www.owasp.org/

第 12 章
V10：HTTP 安全配置

12.1 控制目标

确保经验证的应用程序满足以下高级别要求。

（1）应用程序服务器应在默认配置下，正确且恰当地加固。

（2）在内容类型头，HTTP 响应需包含安全的字符集。

12.2 验证要求

表 12-1 所示为 HTTP 安全配置的验证要求。

表 12-1　HTTP 安全配置的验证要求

序　号	验证要求描述	1 级	2 级	3 级	原文序号
1	验证应用程序仅接受已定义的 HTTP 请求方法，如 GET 和 POST，且未使用的方法（例如，TRACE、PUT 和 DELETE）应明确地阻止	✓	✓	✓	11.1
2	验证每个 HTTP 响应是否包含指定安全字符集的内容类型标头（例如，UTF-8、ISO 8859-1）	✓	✓	✓	11.2

续表

序　号	验证要求描述	1级	2级	3级	原文序号
3	验证由可信代理或 SSO 设备添加的 HTTP 标头（例如，匿名令牌）是否由应用程序进行认证		✓	✓	11.3
4	验证合适的 X-FRAME-OPTIONS 标头被用于站点中，其内容不能在第三方 X-Frame 中被查看		✓	✓	11.4
5	验证HTTP标头或HTTP响应的任何部分不会暴露系统组件的详细版本信息	✓	✓	✓	11.5
6	验证所有 API 响应是否包含 X-Content-Type- Options：nosniff 和 Content-Dispo sition：attachment; filename ="api.json"（或用于内容类型的其他适当文件名）	✓	✓	✓	11.6
7	验证内容安全策略（CSPv2）是否合适，其有助于减轻常见的 DOM、XSS、JSON 和 JavaScript 注入漏洞	✓	✓	✓	11.7
8	验证"X-XSS-Protection: 1; mode =block"用来支持浏览器反射的 XSS 过滤器	✓	✓	✓	11.8

12.3　参考文献

有关详细信息，请参阅：

（1）OWASP 测试指南 4.0：测试 HTTP 短语篡改。https://www.owasp.org/index.php/Testing_for_HTTP_Verb_Tampering_%28OTG-INPVAL-003%29

（2）将 Content-Disposition 添加到 API 响应，有助于防止基于客户端和服务器之间的 MIME 类型误解的许多攻击，"filename"选项有助于防止反射文件下载攻击。https://www.blackhat.com/docs/eu-14/materials/eu-14-Hafif-Reflected-File-Download-A-New-Web-Attack-Vector.pdf

（3）OWASP 安全政策 Cheat Sheet。https://www.owasp.org/index.php?title= Content_Security_Policy_Cheat_Sheet&setlang=en

第 13 章
V11：恶意控件

13.1　控制目标

确保经验证的应用程序满足以下高级要求：

（1）安全和正确地处理恶意行为，不影响应用程序的其余部分。

（2）不要让时间炸弹或其他基于时间的攻击内置于应用程序之中。

（3）不要"回拨"到恶意或未经授权的目的地。

（4）应用程序不应有后门、"复活节彩蛋"、Salami 攻击或遗留可由攻击者控制的逻辑漏洞。

恶意代码极为罕见，且难以检测。人工逐行代码审查可以帮助寻找逻辑"炸弹"，但即使是最有经验的代码审查者也很难找到恶意代码，即使它切实存在着。如果不访问源代码，这个部分的工作是不可能完成的。

13.2　验证要求

表 13-1 所示为恶意控件的验证要求。

表 13-1　恶意控件的验证要求

序　号	验证要求描述	1 级	2 级	3 级	原文序号
1	验证所有恶意活动是否被充分沙盒化、容器化或隔离，以延迟并阻止攻击者攻击其他应用程序			✓	13.1
2	验证应用程序源代码及第三方库不包含后门、"复活节彩蛋"，以及在验证、访问控制、输入验证、高价值交易的业务逻辑中的逻辑漏洞			✓	13.2

13.3　参考文献

有关详细信息，请参阅：

http://www.dwheeler.com/essays/ apple-goto-fail.html

第 14 章

V12：业务逻辑

14.1 控制目标

确保经验证的应用程序满足以下高级要求：

（1）业务逻辑流是连续且有序的。

（2）业务逻辑包括对自动化攻击的检测、限制和防治，例如，持续的小额资金转移，或者一次性添加一百万个朋友等。

（3）高价值业务逻辑流已考虑了滥用案例和恶意行为者，并且具有防止欺骗、篡改、抵赖、信息泄露和提权的保护。

14.2 验证要求

表 14-1 所示为业务逻辑的验证要求。

表 14-1　业务逻辑的验证要求

序　号	验证要求描述	1级	2级	3级	原文序号
1	验证应用程序在有序的步骤下处理业务逻辑流，所有步骤都按照现实的人力时间进行处理，而不是次序颠倒、跳过步骤、处理对象错误或过快地提交事务		✓	✓	15.1

续表

序　号	验证要求描述	1 级	2 级	3 级	原文序号
2	验证应用程序是否具有业务限制，并基于每个用户正确实施，可配置的警报和对自动或异常攻击的自动响应		✓	✓	15.2

14.3 参考文献

有关更多信息，请参阅：

（1）OWASP 测试指南 4.0：业务逻辑测试。https://www.owasp.org/index.php/Testing_for_business_logic

（2）OWASP 业务逻辑 Cheat Sheet。https://www.owasp.org/ index.php/ Business_Logic_Security_Cheat_Sheet

第 15 章
V13：文件和资源

15.1   控制目标

确保经验证的应用程序满足以下高级要求：

（1）不可信文件数据应以安全的方式进行处理。

（2）从不受信任源获取的内容存储在 Webroot 之外，并且仅具有
有限的权限。

15.2   验证要求

表 15-1 所示为文件和资源的验证要求。

表 15-1   文件和资源的验证要求

序　号	验证要求描述	1 级	2 级	3 级	原文序号
1	验证 URL 重定向和转发只允许被列入白名单的目的地址，或当重定向到潜在的不受信内容时显示警告	✓	✓	✓	16.1
2	验证不受信文件数据提交到应用程序后，不能直接使用文件 I/O 命令，特别是要预防路径遍历、本地文件包含、文件 MIME 类型、操作系统命令注入漏洞	✓	✓	✓	16.2

续表

序　号	验证要求描述	1 级	2 级	3 级	原文序号
3	验证从不受信源获得的文件是否为预期的文件类型，且由防病毒扫描程序实施扫描，以防止已知恶意内容的上传	✓	✓	✓	16.3
4	验证不受信数据不应在 inclusion、类加载器、反射功能中使用，以防止远程或本地文件包含脆弱点	✓	✓	✓	16.4
5	验证不受信数据不在跨域资源共享（CORS）中使用，以防止远程内容被注入任意内容	✓	✓	✓	16.5
6	验证从不受信源获得的文件是否存储在 Webroot 的外部，且仅具有有限的权限，最好已经经过健全的认证		✓	✓	16.6
7	验证 Web 或应用程序服务器默认配置为拒绝访问远程资源或在 Web 和应用程序服务器之外的系统		✓	✓	16.7
8	验证应用程序不执行来自不可信源的上传数据	✓	✓	✓	16.8
9	不要使用 Flash、Active-X、Silverlight、NACL、客户端 Java 或其他客户端技术，这些技术与生俱来地不支持 W3C 浏览器标准	✓	✓	✓	16.9

15.3　参考文献

有关详细信息，请参阅：

敏感信息的文件扩展处理。https://www.owasp.org/index.php/
Unrestricted_File_Upload

第 16 章

V14：移动应用程序

16.1　控制目标

本节主要针对移动应用程序控件。

移动应用应软件：

（1）在可信环境中执行安全控制，移动客户端与服务器端应具有相同级别的安全控制。

（2）设备上的敏感信息应安全地存储。

（3）设备中传输的敏感信息应在传输层以安全的方式进行传输。

16.2　验证要求

表 16-1 所示为移动应用程序的验证要求。

表 16-1　移动应用程序的验证要求

序　号	验证要求描述	1级	2级	3级	原文序号
1	验证存储在设备上并可由其他应用程序检索的 ID 值（例如，UDID、IMEI 号码），不用作认证令牌	✓	✓	✓	17.1
2	验证移动应用不应将敏感数据存储在设备未加密的共享资源上（例如，SD 卡、共享文件夹）	✓	✓	✓	17.2
3	验证敏感数据不应存储在未受保护的设备上，即使在诸如密钥链之类的系统保护区域也是如此	✓	✓	✓	17.3
4	验证密钥、API 令牌、密码应在移动应用程序中动态生成	✓	✓	✓	17.4
5	验证移动应用程序是否能防止敏感信息的泄露（例如，当应用程序在后台或在控制台编写敏感信息时，屏幕截图是否会被保存下来）		✓	✓	17.5
6	验证应用程序是否要求所需功能和资源的权限最小化		✓	✓	17.6
7	验证应用程序敏感代码在内存中不可预测的布局（如 ASLR）	✓	✓	✓	17.7
8	验证是否存在反调试技术足以阻止或延迟可能的攻击者将调试器注入移动应用程序中			✓	17.8
9	验证该应用程序不会对同一设备上的其他移动应用程序导出敏感活动、内容或内容提供商	✓	✓	✓	17.9
10	验证内存中维护的敏感信息，一旦不再需要，是否会用 0 重写，以减轻内存转储攻击		✓	✓	17.10
11	验证该应用程序是否对输入进行验证，确认活动的导出、内容或内容提供者属性	✓	✓	✓	17.11

16.3 参考文献

有关详细信息，请参阅：

（1）OWASP 移动安全项目。https://www.owasp.org/index.php/
OWASP_ Mobile_Security_Project

（2）OWASP IOS 开发者 Cheat Sheet。https://www.owasp.org/
index.php/IOS_ Developer_Cheat_Sheet

第 17 章

V15：Web 服务

17.1 控制目标

基于 Web 服务，使用 RESTful 或 SOAP 的应用程序，经验证后需保证满足如下要求：

（1）针对所有 Web 服务，进行充分的认证、会话管理和授权。

（2）从较低信任级向高信任级别转换时，需针对所有参数进行输入验证。

（3）SOAP Web 服务层应具备互操作性，以促进 API 的使用。

17.2 验证要求

表 17-1 所示为 Web 服务的验证要求。

表 17-1　Web 服务的验证要求

序　号	验证要求描述	1 级	2 级	3 级	原文序号
1	验证在客户端和服务器之间使用相同的输出编码风格（Encoding Style）	✔	✔	✔	18.1
2	验证 Web 服务应用程序中，对管理员和管理功能的访问仅限于 Web 服务管理员	✔	✔	✔	18.2
3	验证 XML 或 JSON 模式是否恰当并在接收输入之前进行验证	✔	✔	✔	18.3
4	验证所有输入是否限制在合适的长度	✔	✔	✔	18.4
5	验证基于 SOAP 的 Web 服务至少符合 Web 服务—互操作性（WS-I）基本配置文件，即 TLS 加密的实施	✔	✔	✔	18.5
6	验证基于会话的认证和授权的使用。请参阅本书第 4～6 章，以获得进一步的指导。避免使用静态 "API 键" 等	✔		✔	18.6
7	验证 REST 服务是否受到跨站点请求伪造的保护，通过至少一个或多个以下内容：ORIGIN checks、double submit cookie pattern、CSRF nonces 和 referrer checks	✔	✔	✔	18.7
8	验证 REST 服务是否明确检查传入的 Content-Type 为预期的内容，如 application / xml 或 application / json		✔	✔	18.8
9	验证消息有效负载是否被签名以确保客户端和服务之间的可靠传输，使用 JSON Web Signing 或 WS-Security 进行 SOAP 请求		✔	✔	18.9
10	验证可替代和不太安全的访问路径不存在		✔	✔	18.10

17.3　参考文献

有关详细信息，请参阅：

（1）OWASP 测试指南 4.0：配置和部署管理测试。https://www.owasp.org/index.php/Testing_for_configuration_management

（2）OWASP 跨站脚本请求伪造 Cheat Sheet。https://www.owasp.org/index.php/Cross-Site_Request_Forgery_（CSRF）_Prevention_Cheat_Sheet

（3）JSON Web 令牌（及签名）。https://jwt.io/

第 18 章

V16：安全配置

18.1 控制目标

确保经验证的应用满足如下要求：

（1）最新的类库和平台。

（2）默认安全配置。

（3）有效地控制和防护用户对默认配置的更改，避免不必要的披露或给底层系统造成安全漏洞或缺陷。

18.2 验证要求

表 18-1 所示为安全配置的验证要求。

表 18-1　安全配置的验证要求

序　号	验证要求描述	1 级	2 级	3 级	原文序号
1	所有组件都应为最新的，并具有适当的安全配置和版本。这应包括删除不需要的配置和文件夹，如示例应用程序、平台文档、默认或示例用户	✓	✓	✓	19.1

续表

序　号	验证要求描述	1 级	2 级	3 级	原文序号
2	组件之间的通信，例如，应用程序服务器和数据库服务器之间的通信应该被加密，特别是当组件在不同的容器中或在不同的系统上时		✓	✓	19.2
3	组件之间的通信，例如，应用程序服务器和数据库服务器之间的通信应使用最小权限账户进行认证		✓	✓	19.3
4	验证应用程序部署是否充分沙盒化、容器化和隔离化，以延迟并阻止攻击者攻击其他应用程序		✓	✓	19.4
5	验证应用程序构建和部署过程以安全的方式执行		✓	✓	19.5
6	验证授权管理员是否有能力核实所有安全相关配置的完整性，以确保它们未被篡改			✓	19.6
7	验证所有应用程序组件已签名			✓	19.7
8	验证第三方组件是否来自受信的存储库			✓	19.8
9	验证系统级语言的构建过程是否启用了所有安全标签，例如，ASLR、DEP、安全检查			✓	19.9
10	验证应用程序资源是否被托管，例如，JavaScript 库、CSS 样式表、Web 字体由应用程序托管，而不是依赖于 CDN 或外部提供者			✓	19.10

18.3　参考文献

有关更多信息，请参阅：

OWASP 测试指南 4.0：配置和部署管理测试。

https://www.owasp.org/index.php/Testing_for_configuration_management

第三篇　ASVS 实践案例分析

第 19 章
ASVS 的实践案例

19.1 案例 1：作为安全测试指南使用

在美国犹他州的一所私立大学，校园红队（Red Team）在执行应用程序渗透测试时，使用 OWASP ASVS 作为指导。OWASP ASVS 应用于整个渗透测试过程，包含从初步规划和范围界定会议到指导测试活动，并且作为最终报告向客户展示。红队还组织团队进行了 ASVS 使用培训。

红队对校园各部门的网络和应用程序进行渗透测试，并把它作为学校整体信息安全策略的一部分。在初步规划的期间，客户对由一队学生执行测试不予以支持和批准。通过引入 ASVS 并向利益干系人解释测试活动将以此标准为指导，并且在最终报告中将包含应用程序安全验证标准的执行情况，许多问题立即得到了解决。之后，在范围界定期间，ASVS 帮助团队确定在测试过程中花费的时间和精力。红队通过 ASVS 的预定义验证级别解释基于风险的安全测试。此举有助于客户、利益干系人和团队就相关申请的适用范围达成协议。

测试开始后，红队采用 ASVS 组织活动和分配工作量。通过跟踪已经过测试的验证需求和未经过测试的验证需求，项目经理可以清楚地看到测试进展情况。这将有助于客户沟通，并帮助项目管理人员更好地管理资源。由于红队主要由学生组成，大多数队员对不同课程的时间有不同要求。根据明确的任务、个人验证需求或整个类别，团队成员可以确定测试内容、准确估计完成任务所需的时间。报告编制也得益于 ASVS 的明确组织，因为团队成员可以在开始下一个任务之前撰写验证的结果，有效地执行绝大多数的报告写作与渗透测试。

红队围绕 ASVS 组织和编写了最终报告，报告每个验证要求的状态，并酌情提供进一步的细节。这给客户和利益干系人一个好的想法，他们的应用程序的位置是按照标准衡量的，对于后续的交易是非常有价值的，因为它允许他们看到安全性随时间的推移或退化。此外，对应用程序执行特定类别或类别感兴趣的利益干系人可以轻松找到该信息，因为报告格式与 ASVS 密切相关。与以前的报告格式相比，ASVS 的清晰组织也让培训新的团队成员如何编写报告变得更容易。

最后，采用 ASVS 后，红队的培训有所改善。以前，每周的培训集中在由团队负责人或项目经理选择的主题。采用 ASVS 后，培训主题是根据团队成员的需求进行选择的。基于这些标准的培训有可能扩大团队成员的技能，但并不一定与红队核心活动相关。换句话说，团队在渗透测试方面并没有明显好转。采用 ASVS 后，团队培训的重点是如何测试个人验证要求。这使个别团队成员的可衡量技能和最终报告质量明显改善。

19.2 案例 2：作为 SDLC 的实施指导

当开始寻求向金融机构提供大数据分析时，我们意识到，开发中的安全性是为了获得和处理金融元数据的要求列表。在这种情况下，选择 ASVS 作为敏捷安全开发生命周期的基础。

项目启动时，使用 ASVS 生成历史报告和用于功能性安全问题的用例，例如，如何最好地实现登录功能。同时，使用 ASVS 的方式与大多数 ASVS 不同，如果它是功能需求，通过 ASVS 查看适合当前任务紧迫性的需求将它们直接添加到任务列表，或者把它作为对现有示例的功能性约束。例如，选择添加 TOTP 双因素身份验证，以及密码策略、兼容强力检测和预防机制的 Web 服务调节器。在未来的任务中，将根据"非常及时""您不需要它"来选择额外的要求。

开发人员使用 ASVS 作为审查清单，确保不安全代码不进行检查，并且在追溯计划中，确保开发人员考虑了可能的 ASVS 要求，以及未来可以改进或减少的任务。

最后，开发人员使用 ASVS 作为其自动验证安全单元和集成测试套件的一部分，以测试使用、滥用和模糊测试案例。其目的是降低瀑布方法的风险，"最终的渗透测试"在将里程碑式构建交付到生产环境时导致了昂贵的重构。由于每次紧迫任务后可以促进新的建设，依靠单一的保证活动是不够的，因此，通过自动化测试制度，即使是熟练的渗透测试人员也不会发现应用程序的重大问题。

附　录

附录 A 名词解释

（1）**访问控制**：根据所属用户和/或组的身份，限制对文件引用的功能，限制 URL 和数据的访问的方法。

（2）**地址空间布局随机化（ASLR）**：一种帮助防止缓冲区溢出攻击的技术。

（3）**应用程序安全性**：应用程序级安全性的重点是分析构成开放系统互连参考模型（OSI Model）应用层的组件，而不是专注于底层操作系统或连接的网络。

（4）**应用程序安全验证**：针对 OWASP ASVS 的应用程序的技术评估。

（5）**应用程序安全性验证报告**：一份报告，用于记录验证者为特定应用程序生成的总体结果和支持分析。

（6）**认证**：验证申请用户声明的身份。

（7）**自动验证**：使用自动化工具（动态分析工具、静态分析工具或两者）、漏洞签名来查找问题。

（8）**后门**：允许未经授权访问应用程序的一种恶意代码。

（9）**黑名单**：不允许的数据或操作列表，例如，不允许输入的字符列表。

（10）**级联样式表（CSS）**：用于描述以标记语言（如 HTML）编写的文档的表示语义的样式表语言。

（11）**证书颁发机构（CA）**：颁发数字证书的实体。

（12）**通信安全**：应用程序数据在应用程序组件之间、客户端和服务器之间，以及外部系统与应用程序之间传输时的保护。

（13）**组件**：一个独立的代码单元，具有与其他组件通信的相关磁盘和网络接口。

（14）**跨站点脚本（XSS）**：Web 应用程序中通常存在的安全漏洞，允许将客户端脚本注入内容。

（15）**加密模块**：实现加密算法和/或生成加密密钥的硬件、软件和/或固件。

（16）**拒绝服务（DoS）攻击**：具有可处理请求的应用程序的泛滥。

（17）**设计验证**：应用程序的安全架构的技术评估。

（18）**动态验证**：在应用程序执行期间使用漏洞签名来查找问题的自动化工具。

（19）**复活节彩蛋**：一种恶意代码，直到发生特定的用户输入事件时才能运行。

（20）**外部系统**：不属于应用程序的服务器端应用程序或服务。

（21）**FIPS 140-2**：可用作验证加密模块的设计和实现的基础的标准。

（22）**全局唯一标识符（GUID）**：用作软件中标识符的唯一参考号。

（23）**超文本标记语言（HTML）**：用于创建网页和 Web 浏览器中显示的其他信息的主要标记语言。

（24）**超文本传输协议（HTTP）**：一种用于分布式、多媒体的超媒体信息系统的应用协议。它是万维网数据通信的基础。

（25）**输入验证**：不可信用户输入的规范化和验证。

（26）**轻量级目录访问协议（LDAP）**：用于通过网络访问和维

护分布式目录信息服务的应用程序协议。

（27）**恶意代码**：将应用程序所有者不知情的应用程序引入应用程序中，这避免了应用程序的预期安全策略。不像恶意软件，如病毒或蠕虫。

（28）**恶意软件**：可执行代码，在运行时未引用到应用程序用户或管理员的知识中。

（29）**开放 Web 应用程序安全项目（OWASP）**：开放 Web 应用程序安全项目（OWASP）是一个全球性的开放社区，专注于提高应用程序的安全性。我们的使命是使应用程序安全性"可见"，以便人员和组织能够就应用程序安全风险做出明智的决定。参见 http://www.owasp.org/。

（30）**输出编码**：应用程序输出到 Web 浏览器和外部系统的规范化和验证。

（31）**个人身份信息（PII）**：可以单独使用或与其他信息一起使用，以识别、联系或定位个人或在上下文中识别个人的信息。

（32）**肯定验证**：请参阅白名单。

（33）**安全架构**：应用程序设计的抽象，用于标识和描述安全控制的使用位置和方式，并标识和描述用户和应用程序数据的位置和敏感性。

（34）**安全配置**：影响安全控制如何使用的应用程序运行时的配置。

（35）**安全控制**：执行安全检查（例如，访问控制检查）或对被调用的功能或组件产生安全效果（例如，生成审核记录）。

（36）**SQL 注入（SQLi）**：用于攻击数据驱动应用程序的代码注入技术，其中将恶意 SQL 语句插入入口点。

（37）**静态验证**：使用漏洞签名的自动化工具来查找应用程序源代码中的问题。

（38）**验证目标（TOV）**：如果正在根据 OWASP ASVS 要求执行应用程序安全验证，则验证将是特定应用程序。该应用程序称为"验证目标"（简称 TOV）。

（39）**威胁建模**：一种技术，包括开发日益完善的安全架构，以识别威胁代理、安全区域、安全控制，以及重要的技术和业务资产。

（40）**传输层安全性**：通过 Internet 提供通信安全性的加密协议。

（41）**URI/URL/URL 片段**：统一资源标识符是用于标识名称或 Web 资源的字符串。统一资源定位器通常用作资源的参考。

（42）**用户验收测试（UAT）**：传统上，测试环境的行为与生产环境相似，在生产之前执行所有软件测试。

（43）**验证者**：根据 OWASP ASVS 要求审核应用程序的人员或团队。

（44）**白名单**：允许的数据或操作的列表，例如，允许执行输入验证的字符列表。

（45）**XML**：定义用于编码文档的一组规则的标记语言。

附录 B　参考文献

以下 OWASP 项目最有可能对本标准的用户有用。

（1）《OWASP 测试指南》：https://www.owasp.org/index.php/OWASP_ Testing_Project。

（2）《OWASP 代码审查指南》：http://www.owasp.org/index.php/Category: OWASP_Code_Review_Project。

（3）《OWASP Cheat Sheets》：https://www.owasp.org/index.php/OWASP_ Cheat_Sheet_Series。

（4）《OWASP 主动控制》：https://www.owasp.org/index.php/OWASP_ Proactive_Controls。

（5）《OWASP Top 10》：https://www.owasp.org/index.php/Top_10_2013- Top_10。

（6）《OWASP Mobile Top 10》：https://www.owasp.org/index.php/
Projects/OWASP_Mobile_Security_Project_-_Top_Ten_Mobile_Risks。

类似地，以下网站最有可能对本标准的用户有。

（1）MITRE 常见弱点枚举：http://cwe.mitre.org/。

（2）PCI 安全标准委员会：https://www.pcisecuritystandards.org。

（3）PCI 数据安全标准（DSS）v3.0 要求和安全评估程序：
https://www. pcisecuritystandards.org/documents/PCI_DSS_v3.pdf。

附录 C　标准映射

PCI DSS 6.5 来自于 2004 年版和 2007 年版的《OWASP Top 10》，并附带了一些最新的流程扩展。ASVS 是 OWASP Top 10（154 项至 10 项）的严格超集，因此，OWASP Top 10 和 PCI DSS 6.5.x 所涵盖的所有问题均由更细粒度的 ASVS 控制要求处理。例如，"断认证和会话管理"映射到 V2 认证和 V3 会话管理部分。

完全映射通过验证级别 3 实现，尽管验证级别 2 将解决大多数 PCI DSS 6.5 的要求，除了 6.5.3 和 6.5.4。过程问题，如 PCI DSS 6.5.6、ASVS 未涵盖。

表 C-1 所示为映射标准简介。

表 C-1　映射标准简介

PCI-DSS 3.0	ASVS 3.0	描述
6.5.1 注入缺陷，特别是 SQL 注入。还要考虑操作系统命令注入，LDAP 和 XPath 注入缺陷及其他注入缺陷	5.11、5.12、5.13、8.14、16.2	精确映射

PCI-DSS 3.0	ASVS 3.0	描述
6.5.2 缓冲区溢出	5.1	精确映射
6.5.3 不安全的加密存储	v7-all	综合映射 1 级以上
6.5.4 不安全的通信	v10-all	综合映射 1 级以上
6.5.5 错误处理错误	3.6、7.2、8.1、8.2	精确映射
6.5.7 跨站脚本（XSS）	5.16、5.20、5.21、5.24、5.25、5.26、5.27、11.4、11.15	ASVS 将 XSS 分解成几个要求，突出了 XSS 防御的复杂性，特别是对传统应用程序
6.5.8 访问控制不正确（例如，不安全的直接对象引用，不能限制 URL 访问，目录遍历和故障限制用户对功能的访问）	v4-all	综合映射 1 级以上
6.5.9 跨站点请求伪造（CSRF）	4.13	精确映射 ASVS 认为 CSRF 防御是访问控制的一个方面
6.5.10 认证和会话管理中断	v2 和 v3-all	综合映射 1 级以上

附录 D　ASVS 术语表

（1）**访问控制**：根据用户身份及其所归属的某项定义组来限制用户对某些信息项（文件、引用功能、URLs）的访问，或限制对某些控制功能的使用的一种技术。

（2）**应用程序组件**：由特定应用程序验证定义的单个或一组源文件、库或可执行文件。

（3）**应用程序安全性**：应用程序安全性重点在于分析构成开放系统互连参考模型（OSI Model）的应用层组件，而不是专注于分析底层操作系统或连接网络。

（4）**应用程序安全验证**：对 OWASP ASVS 应用程序的技术评估。

（5）**应用程序安全验证报告**：一份用于记录特定应用程序验证生成的总体结果和支持分析报告。

（6）**应用程序安全验证标准（ASVS）**：关于 OWASP 官方定义应用程序安全验证级别（4 级）的标准。

（7）**验证**：关于应用程序用户申请身份的核实。

（8）**自动验证**：使用漏洞签名来查找问题。使用自动化工具（动态分析工具、静态分析工具或者两者结合使用）。

（9）**后门**：允许未经授权访问应用程序的一种恶意代码。

（10）**黑名单**：一种不允许的数据或操作列表，例如，不允许作为输入的字符列表。

（11）**通用标准（CC）**：一种可用作验证 IT 产品安全控制设计和实现的基础多部分标准。

（12）**通信安全**：应用程序数据在应用程序组件之间、客户端和服务器之间，以及外部系统与应用程序之间传输时的保护。

（13）**设计验证**：应用程序安全架构的技术评估。

（14）**内部验证**：OWASP ASVS 定义关于应用程序安全体系架构方面的具体技术评估。

（15）**加密模块**：实现加密算法或生成加密密钥的硬件、软件和固件。

（16）**拒绝服务（DoS）攻击**：即攻击者想办法让目标机器停止提供服务，它是黑客常用的攻击手段之一。

（17）**动态验证**：执行应用程序期间，使用自动化漏洞签名工具来查找问题。

（18）**复活节彩蛋**：一种形象的比喻，指恶意代码直到发生特定用户输入事件时，它才会停止运行。

（19）**外部系统**：一种不属于应用程序的服务器端程序或服务。

（20）**FIPS 140-2**：一种可用于验证和实现加密模块设计的基础标准。

（21）**输入验证**：不可信用户输入的规范化和验证。

（22）**恶意代码**：指在未明确提示用户或未经用户许可的情况下，在用户计算机或其他终端上安装运行，侵犯用户合法权益的软件。

（23）**恶意软件**：指在计算机系统上执行恶意任务的病毒、蠕虫和特洛伊木马的程序，通过破坏软件进程来实施控制。

（24）**开源 Web 应用程序安全项目（OWASP）**：开源 Web 应用程序安全项目（OWASP）是一个面向全球免费开放的社区，专注于提高应用程序的安全性。OWASP 的使命是让应用程序的安全性变得"可见"，以便相关人员和组织都能够针对应用程序安全风险做出明智的决定。请参考http://www.owasp.org/。

（25）**输出验证**：应用程序输出到 Web 浏览器和外部系统的规范化验证。

（26）**OWASP 企业安全 API（ESAPI）**：一款开发人员构建 Web 安全应用程序所需的所有免费、开放的安全方法集合。请参考 http://www.owasp.org/index.php/ESAPI。

（27）**OWASP 风险评估方法**：一种针对应用程序安全性定制的风险评估方法。请参考 http://www.owasp.org/index.php/How_to_value_the_real_risk。

（28）**OWASP 测试指南**：旨在帮助组织了解测试程序所包含的内容文档，并帮助他们确定构建和操作测试程序所需的步骤。请参考http://www.owasp.org/index.php/Category:OWASP_Testing_Project。

（29）**OWASP Top 10**：一份对 Web 应用程序安全漏洞有着广泛共识和描述的行业性参考文档。请参考http://www.owasp.org/index.php/Top10。

（30）**积极的**：参考白名单。

（31）**Salami 攻击**：一种恶意代码，用于未侦测到金融交易中的重定向少量金额。

（32）**安全架构**：用于识别和描述应用程序安全控件的使用位置和抽象设计，以及如何识别和描述用户和应用程序数据的位置和敏感性。

（33）**安全控制**：执行安全检查（例如，访问控制检查）或调用时产生安全效应的一种功能或组件（例如，生成审核记录）。

（34）**安全配置**：影响应用程序安全控制使用方式的运行时配置。

（35）**静态验证**：使用漏洞签名的自动化工具来查找应用程序源代码中的问题。

（36）**验证目标（TOV）**：根据 OWASP ASVS 要求，如果正在进行应用程序安全验证，则验证将是针对特定的应用程序，并且该应用程序称为"验证目标"（简称"TOV"）。

（37）**威胁建模**：一种包括开发日益完善的安全架构，以识别威胁代理、安全区域、安全控制，以及重要技术和业务资产的技术。

（38）**时间炸弹**：一种恶意代码，直到过了预配置的时间或日期时，它才会停止运行。

（39）**验证工具**：根据 OWASP ASVS 要求，审核应用程序的人员或团队。

（40）**白名单**：一种允许的数据或操作列表，例如，允许执行输入验证的字符列表。

附录 E　采用 ASVS 的 OWASP 项目

1．OWASP 安全知识框架项目（Security Knowledge Framework）

项目简介	OWASP 安全知识框架（SKF）是一款开源的 Python-Flask Web 应用程序。他使用 OWASP 应用程序安全性验证标准（ASVS），培训开发人员编写安全代码
网址	https://www.owasp.org/index.php/OWASP_Security_Knowledge_Framework

2．OWASP ZAP 工具项目（Zed Attack Proxy）

项目简介	OWASP Zed Attack Proxy（ZAP）是一种易于使用的集成渗透测试工具，可用于查找 Web 应用程序中的漏洞。它被设计为具有广泛安全体验的人员使用，因此，是开发人员和新进入测试领域的功能测试人员的理想选择。ZAP 提供自动扫描器，以及一组可以手动查找安全漏洞的工具
网址	https://www.owasp.org/index.php/OWASP_Zed_Attack_Proxy_Project

3. OWASP 聚宝项目（Cornucopia）

项目简介	OWASP 聚宝盆项目是以卡牌游戏为形式，帮助软件开发团队在敏捷、传统、正式开打过程中识别安全需求的一种机制，它不对参与游戏的人员提出有关开发语言、开发平台和开发技术的掌握要求。聚宝盆项目包含了"OWASP 结构安全编码实践—快速参考指南（SCP）"，并同时增加了"OWASP 应用程序安全验证标准 ASVS""OWASP 安全测试指南"以及 David Rook"安全开标准"的内容
网址	https://www.owasp.org/index.php/OWASP_Cornucopia

附录 F OWASP 安全编码规范快速参考指南

1. 输入验证

（1）在可信系统（如服务器）上执行所有的数据验证。

（2）识别所有的数据源，并将其分为可信的和不可信的。验证所有来自不可信数据源（如数据库、文件流等）的数据。

（3）应当为应用程序提供一个集中的输入验证规则。

（4）为所有的输入明确恰当的字符集，如 UTF-8。

（5）在输入验证前，将数据按照常用字符进行编码（规范化）。

（6）丢弃所有没有通过输入验证的数据。

（7）确定系统是否支持 UTF-8 扩展字符集,如果支持,在 UTF-8 解码完成以后进行输入验证。

（8）在处理以前，验证所有来自客户端的数据，包括所有参数、URL、HTTP 头信息（如 Cookie 名字和数据值）。确定包括来自 JavaScript、Flash 或其他嵌入代码的 post back 信息。

（9）验证在请求和响应的报头信息中只含有 ASCII 字符。

（10）核实来自重定向输入的数据（一个攻击者可能向重定向的目标直接提交恶意代码，从而避开应用程序逻辑，以及在重定向前执行的验证）。

（11）验证正确的数据类型。

（12）验证数据范围。

（13）验证数据长度。

（14）尽可能采用"白名单"形式，验证所有的输入。

（15）如果任何潜在的危险字符必须被作为输入，请确保执行了额外的控制，例如，输出编码、特定的安全 API，以及在应用程序中使用的原因。部分常见的危险字符包括< > " ' % ( ) & + \ \' \" 。

（16）如果使用的标准验证规则无法验证下面的输入，那么它们需要被单独验证：

①验证空字节（%00）。

②验证换行符（%0d, %0a, \r, \n）。

③验证路径替代字符"点—点—斜杠"("../"或"..\")。如果支持 UTF-8 扩展字符集编码，验证替代字符：%c0%ae%c0%ae/（使用规范化验证双编码或其他类型的编码攻击）。

2. 输出编码

（1）在可信系统（如服务器）上执行所有的编码。

（2）为每种输出编码方法采用一个标准的、已通过测试的规则。

（3）通过语义输出编码方式，对所有返回到客户端的来自应用程序信任边界之外的数据进行编码。HTML 实体编码是一个例子，但不是在所有的情况下都适用。

（4）除非目标编译器是安全的，否则，应对所有字符进行编码。

（5）针对 SQL、XML 和 LDAP 查询，语义净化所有不可信数据的输出。

（6）对于操作系统命令，净化所有不可信数据输出。

3. 身份验证和密码管理

（1）除了那些特定设为"公开"的内容以外，对所有的网页和资源要求身份验证。

（2）所有的身份验证过程必须在可信系统（如服务器）上执行。

（3）在任何可能的情况下，建立并使用标准的、已通过测试的身份验证服务。

（4）为所有身份验证控制使用一个集中实现的方法，其中包括利用库文件请求外部身份验证服务。

（5）将身份验证逻辑从被请求的资源中隔离开，并使用重定向到集中的身份验证控制。

（6）所有的身份验证控制应当安全地处理未成功验证的身份。

（7）所有的管理和账户管理功能至少应当具有和主要身份验证机制一样的安全性。

（8）如果应用程序管理着凭证的存储，那么应当保证只保存了通过使用强加密单向 salted 哈希算法得到的密码，并且只有应用程序具有对保存密码和密钥的表、文件的写权限（如果可以避免，不要使用 MD5 算法）。

（9）密码哈希必须在可信系统（如服务器）上执行。

（10）只有当所有的数据输入以后，才进行身份验证数据的验证，特别是对连续身份验证的机制。

（11）身份验证的失败提示信息应当避免过于明确。例如，可以使用"用户名或密码错误"，而不要使用"用户名错误"或者"密码错误"。错误提示信息在显示和源代码中应保持一致。

（12）为涉及敏感信息或功能的外部系统连接使用身份验证。

（13）用于访问应用程序以外服务的身份验证凭据信息应当加密，并存储在一个可信系统（如服务器）中受到保护的地方。源代码不是一个安全的地方。

（14）只使用 HTTP Post 请求传输身份验证的凭据信息。

（15）非临时密码只在加密连接中发送或作为加密的数据（比如，一封加密的邮件）。通过邮件重设临时密码可以是一个例外。

（16）通过政策或规则加强密码复杂度的要求（比如，要求使用字母、数字和特殊符号）。身份验证的凭据信息应当足够复杂以对抗在其所部署环境中的各种威胁和攻击。

（17）通过政策和规则加强密码长度要求。常用的是 8 个字符长度，但是 16 个字符长度更好，或者考虑使用多单词密码短语。

（18）输入的密码应当在用户的屏幕上模糊显示（例如，在 Web 表单中使用"password"输入类型）。

（19）当连续多次登录失败后（例如，通常情况下是 5 次），应强制锁定账户。账户锁定的时间必须足够长，以阻止暴力攻击猜测登录信息，但是不能长到允许执行一次拒绝服务攻击。

（20）密码重设和更改操作需要与账户创建和身份验证同样的控制等级。

（21）密码重设问题应当支持尽可能随机的提问（例如，"最喜爱的书"是一个坏的问题，因为《圣经》是最常见的答案）。

（22）如果使用基于邮件的重设，只将临时链接或密码发送到预先注册的邮件地址。

（23）临时密码和链接应当有一个短暂的有效期。

（24）当再次使用临时密码时，强制修改临时密码。

（25）当密码重新设置时，通知用户。

（26）阻止密码重复使用。

（27）密码在被更改前应当至少使用了一天，以阻止密码重用攻击。

（28）根据政策或规则的要求，强制定期更改密码。关键系统可能会要求更频繁的更改。更改时间周期必须进行明确。

（29）为密码填写框禁用"记住密码"功能。

（30）用户账号的上一次使用信息（成功或失败）应当在下一次成功登录时向用户报告。

（31）执行监控以确定针对使用相同密码的多用户账户攻击。当用户 ID 可以被获得或猜到时，该攻击模式用来绕开标准的锁死功能。

（32）更改所有厂商提供的默认用户 ID 和密码，或者禁用相关账号。

（33）在执行关键操作以前，对用户再次进行身份验证。

（34）为高度敏感或重要的交易账户使用多因子身份验证机制。

（35）如果使用了第三方身份验证的代码，应仔细检查代码，保证其不会受到任何恶意代码的影响。

4. 会话管理

（1）使用服务器或者框架的会话管理控制。应用程序应当只识别有效的会话标识符。

（2）会话标识符必须总是在一个可信系统（如服务器）上创建。

（3）会话管理控制应当使用通过审查的算法，以保证足够的随机会话标识符。

（4）为包含已验证的会话标识符的 Cookie 设置域和路径，为站点设置一个恰当的限制值。

（5）注销功能应当完全终止相关的会话或连接。

（6）注销功能应当可用于所有受身份验证保护的网页。

（7）在平衡的风险和业务功能需求的基础上，设置一个尽量短的会话超时时间。通常情况下，应当不超过几个小时。

（8）禁止连续的登录并强制执行周期性的会话终止，即使是活动的会话。特别是对于支持富网络连接或连接到关键系统的应用程序。终止时机应当可以根据业务需求调整，并且用户应当收到足够的通知以减少带来的负面影响。

（9）如果一个会话在登录以前就建立，在成功登录以后，关闭该会话并创建一个新的会话。

（10）在任何重新进行身份验证的过程中建立一个新的会话标识符。

（11）不允许同一用户 ID 的并发登录。

（12）不要在 URL、错误信息或日志中暴露会话标识符。会话标识符应当只出现在 HTTP cookie 头信息中。例如，不要将会话标识符以 GET 参数进行传递。

（13）通过在服务器上使用恰当的访问控制，保护服务器端会话数据免受来自服务器其他用户的未授权访问。

（14）生成一个新的会话标识符并周期性地使旧会话标识符失效（这可以缓解那些原标识符被获得的特定会话劫持情况）。

（15）在进行身份验证的时候，如果链接从 HTTP 变为 HTTPS，则生成一个新的会话标识符。在应用程序中，推荐持续使用 HTTPS，而非在 HTTP 和 HTTPS 之间转换。

（16）为服务器端的操作执行标准的会话管理，例如，通过在每个会话中使用强随机令牌或参数来管理账户。该方法可以防止跨站点请求伪造攻击。

（17）通过在每个请求或每个会话中使用强随机令牌或参数，为高度敏感或关键的操作提供标准的会话管理。

（18）为在 TLS 连接上传输的 Cookie 设置"安全"属性。

（19）将 Cookie 设置为 HttpOnly 属性，除非在应用程序中明确要求了客户端脚本程序读取或者设置 Cookie 的值。

5. 访问控制

（1）只使用可信系统对象（如服务器端会话对象）以做出访问授权的决定。

（2）使用一个单独的全站点部件以检查访问授权。这包括调用外部授权服务的库文件。

（3）安全地处理访问控制失败的操作。

（4）如果应用程序无法访问其安全配置信息，则拒绝所有的访问。

（5）在每个请求中加强授权控制，包括服务器端脚本产生的请求，包含和来自像 AJAX 和 FLASH 那样富客户端技术产生的请求。

（6）将有特权的逻辑从其他应用程序代码中隔离开。

（7）限制只有授权的用户才能访问文件或其他资源，包括那些应用程序外部的直接控制。

（8）限制只有授权的用户才能访问受保护的 URL。

（9）限制只有授权的用户才能访问受保护的功能。

（10）限制只有授权的用户才能访问直接对象引用。

（11）限制只有授权的用户才能访问服务。

（12）限制只有授权的用户才能访问应用程序数据。

（13）限制通过使用访问控制来访问用户、数据属性和策略信息。

（14）限制只有授权的用户才能访问与安全相关的配置信息。

（15）服务器端执行的访问控制规则和表示层实施的访问控制规则必须匹配。

（16）如果状态数据必须存储在客户端，则要使用加密算法，并在服务器端检查完整性以捕获状态的改变。

（17）强制应用程序逻辑流程遵照业务规则。

（18）限制单一用户或设备在一段时间内可以执行的事务数量。事务数量和时间应当高于实际的业务需求，但也应该足够低，以判定自动化攻击。

（19）仅使用"referer"头作为补偿性质的检查，它永远不能被单独用来进行身份验证检查，因为它可以被伪造。

（20）如果长的身份验证会话被允许，则要周期性地重新验证用户的身份，以确保他们的权限没有改变。如果发生改变，则注销该用户，并强制他们重新执行身份验证。

（21）执行账户审计并将没有使用的账号强制失效（例如，在用户密码过期后的 30 天以内）。

（22）应用程序必须支持账户失效，并在账户停止使用时终止会话（例如，角色、职务状况、业务处理的改变等）。

（23）服务账户、连接到或来自外部系统的账号，应当只有尽可能小的权限。

（24）建立一个"访问控制政策"，以明确一个应用程序的业务规则、数据类型和身份验证的标准或处理流程，确保访问可以被恰当地提供和控制。这包括为数据和系统资源确定访问需求。

6. 加密规范

（1）所有用于保护来自应用程序用户秘密信息的加密功能都必须在一个可信系统（如服务器）上执行。

（2）保护主要秘密信息免受未授权的访问。

（3）安全地处理加密模块失败的操作。

（4）为防范对随机数据的猜测攻击，应当使用加密模块中已验证的随机数生成器生成所有的随机数、随机文件名、随机 GUID 和随机字符串。

（5）应用程序使用的加密模块应当遵从 FIPS 140-2 或其他等同的标准（参见http://csrc.nist.gov/groups/STM/cmvp/validation.html）。

（6）建立并使用相关的政策和流程，以实现加、解密的密钥管理。

7. 错误处理和日志记录

（1）不要在错误响应中泄露敏感信息，包括系统的详细信息、会话标识符或者账号信息。

（2）使用错误处理，避免显示调试或堆栈跟踪信息。

（3）使用通用的错误消息并使用定制的错误页面。

（4）应用程序应当处理应用程序错误，并且不依赖服务器配置。

（5）当错误条件发生时，适当地清空分配的内存。

（6）在默认情况下，应当拒绝访问与安全控制相关联的错误处理逻辑。

（7）所有的日志记录控制应当在可信系统（如服务器）上执行。

（8）日志记录控制应当支持记录特定安全事件的成功或者失败操作。

（9）确保日志记录包含了重要的日志事件数据。

（10）确保日志记录中包含的不可信数据不会在查看界面或者软件时以代码的形式被执行。

（11）限制只有授权的个人才能访问日志。

（12）为所有的日志记录采用一个主要的常规操作。

（13）不要在日志中保存敏感信息，包括不必要的系统详细信息、会话标识符或密码。

（14）确保一个执行日志查询分析机制的存在。

（15）记录所有失败的输入验证。

（16）记录所有的身份验证尝试，特别是失败的验证。

（17）记录所有失败的访问控制。

（18）记录明显的修改事件，包括对于状态数据非期待的修改。

（19）记录连接无效或者已过期的会话令牌尝试。

（20）记录所有的系统例外。

（21）记录所有的管理功能行为，包括对安全配置设置的更改。

（22）记录所有失败的后端 TLS 链接。

（23）记录加密模块的错误。

（24）使用加密哈希功能，以验证日志记录的完整性。

8. 数据保护

（1）授予最低权限，以限制用户只能访问为完成任务所需要的功能、数据和系统信息。

（2）保护所有存放在服务器上缓存的或临时复制的敏感数据，避免非授权的访问，并在临时工作文件不再需要时尽快清除。

（3）即使在服务器端，仍然要加密存储高度机密信息，比如，身份验证的验证数据。总是使用已经被很好验证过的算法，更多指导信息请参见"加密规范"部分。

（4）保护服务器端的源代码不被用户下载。

（5）不要在客户端上以明文形式或其他非加密安全模式保存密码、连接字符串或其他敏感信息。这包括嵌入在不安全的形式中，如 MS viewstate、Adobe flash 或者已编译的代码。

（6）删除用户可访问产品中的注释，以防止泄露后台系统或者其他敏感信息。

（7）删除不需要的应用程序和系统文档，因为这些也可能向攻击者泄露有用的信息。

（8）不要在 HTTP GET 请求参数中包含敏感信息。

（9）禁止表单中的自动填充功能，因为表单中可能包含敏感信息，如身份验证信息。

（10）禁止客户端缓存网页，因为可能包含敏感信息。"Cache-Control: no-store"可以和 HTTP 报头控制"Pragma: no-cache"一起使用，该控制不是非常有效，但是与 HTTP 1.0 向后兼容。

（11）应用程序应当支持当数据不再需要时，删除敏感信息（如个人信息或者特定财务数据）。

（12）为存储在服务器中的敏感信息提供恰当的访问控制。这包括缓存的数据、临时文件及只允许特定系统用户访问的数据。

9. 通信安全

（1）为所有敏感信息采用加密传输。其中应该包括使用 TLS 对连接的保护，以及支持对敏感文件或非基于 HTTP 连接的不连续加密。

（2）TLS 证书应当是有效的，有正确且未过期的域名，并且在需要时，可以和中间证书一起安装。

（3）没有成功的 TLS 连接不应当后退成为一个不安全的连接。

（4）为所有要求身份验证的访问内容和所有其他的敏感信息提供 TLS 连接。

（5）为包含敏感信息或功能，且连接到外部系统的连接使用 TLS。

（6）使用配置合理的单一标准 TLS 连接。

（7）为所有的连接明确字符编码。

（8）当链接到外部站点时，过滤来自 HTTP Referer 中包含敏感信息的参数。

10. 系统配置

（1）确保服务器、框架和系统部件采用了认可的最新版本。

（2）确保服务器、框架和系统部件安装了当前使用版本的所有补丁。

（3）关闭目录列表功能。

（4）将 Web 服务器、进程和服务的账户限制为尽可能低的权限。

（5）当例外发生时，安全地进行错误处理。

（6）移除所有不需要的功能和文件。

（7）在部署前，移除测试代码和产品不需要的功能。

（8）通过将不进行对外检索的路径目录放在一个隔离的父目录里，以防止目录结构在 robots.txt 文档中暴露。然后，在 robots.txt 文档中"禁止"整个父目录，而不是对每个单独目录的"禁止"。

（9）明确应用程序采用哪种 HTTP 方法：GET 或 POST，以及是否需要在应用程序不同网页中以不同的方式进行处理。

（10）禁用不需要的 HTTP 方法，如 WebDAV 扩展。如果需要使用一个扩展的 HTTP 方法以支持文件处理，则使用一个好的、经过验证的身份验证机制。

（11）如果 Web 服务器支持 HTTP 1.0 和 1.1，确保以相似的方式对它们进行配置，或者确保已理解了它们之间可能存在的差异（如处理扩展的 HTTP 方法）。

（12）移除在 HTTP 相应报头中有关 OS、Web 服务版本和应用程序框架的无关信息。

（13）应用程序存储的安全配置信息应当可以以可读的形式输出，以支持审计。

（14）使用一个资产管理系统，并将系统部件和软件注册在其中。

（15）将开发环境从生成网络隔离开，并只提供给授权的开发和测试团队访问。开发环境往往没有实际生成环境那么安全，攻击者可以使用这些差别发现共有的弱点或者可被利用的漏洞。

（16）使用一个软件变更管理系统，以管理和记录在开发和产品中代码的变更。

11. 数据库安全

（1）使用强类型的参数化查询方法。

（2）使用输入验证和输出编码，并确保处理了元字符。如果失败，则不执行数据库命令。

（3）确保变量是强类型的。

（4）当应用程序访问数据库时，应使用尽可能最低的权限。

（5）为数据库访问使用安全凭证。

（6）连接字符串不应当在应用程序中硬编码。连接字符串应当存储在一个可信服务器的独立配置文件中，并且被加密。

（7）使用存储过程以实现抽象访问数据，并允许对数据库中表的删除。

（8）尽可能快速关闭数据库连接。

（9）删除或者修改所有默认的数据库管理员密码。使用强密码、强短语，或者使用多因子身份验证。

（10）关闭所有不必要的数据库功能（例如，不必要的存储过程或服务、应用程序包、仅最小化安装需要的功能和选项（表面范围缩减））。

（11）删除厂商提供的不必要的默认信息（如数据库模式示例）。

（12）禁用任何不支持业务需求的默认账户。

（13）应用程序应当以不同的凭证为每个信任的角色（如用户、只读用户、访问用户、管理员）连接数据库。

12. 文件管理

（1）不要把用户提交的数据直接传送给任何动态调用功能。

（2）在允许上传一个文档以前，进行身份验证。

（3）只允许上传满足业务需要的相关文档类型。

（4）通过检查文件报头信息，验证上传文档是否是所期待的类型。只验证文件类型扩展是不够的。

（5）不要把文件保存在与应用程序相同的 Web 环境中。文件应当保存在内容服务器或者数据库中。

（6）防止或限制上传任意可能被 Web 服务器解析的文件。

（7）关闭在文件上传目录的运行权限。

（8）通过装上目标文件路径作为使用了相关路径或者已变更根目录环境的逻辑盘，在 UNIX 中实现安全的文件上传服务。

（9）当引用已有文件时，使用一个白名单记录允许的文件名和类型。验证传递的参数值，如果与预期的值不匹配，则拒绝使用，或者使用默认的硬编码文件值代替。

（10）不要将用户提交的数据传递到动态重定向中。如果必须允许使用，那么重定向应当只接受通过验证的相对路径 URL。

（11）不要传递目录或文件路径，使用预先设置路径列表中的匹配索引值。

（12）绝对不要将绝对文件路径传递给客户。

（13）确保应用程序文件和资源是只读的。

（14）对用户上传的文件进行病毒和恶意软件扫描。

13. 内存管理

（1）对不可信数据进行输入和输出控制。

（2）重复确认缓存空间的大小是否和指定的大小一样。

（3）当使用允许多字节复制的函数时，如 strncpy()，如果目的缓存容量和源缓存容量相等，需要留意字符串没有 NULL 终止。

（4）在循环中调用函数时，检查缓存大小，以确保不会出现超出分配空间大小的危险。

（5）在将输入字符串传递给复制和连接函数前，将所有输入的字符串缩短到合理的长度。

（6）关闭资源时要特别注意，不要依赖垃圾回收机制（如连接对象、文档处理等）。

（7）在可能的情况下，使用不可执行的堆栈。

（8）避免使用已知有漏洞的函数（如 printf、strcat、strcpy 等）。

（9）当方法结束时和在所有的退出节点位置时，正确地清空所分配的内存。

14. 通用编码规范

（1）为常用的任务使用已测试且已认可的托管代码，而不创建新的非托管代码。

（2）使用特定任务的内置 API 以执行操作系统的任务。不允许应用程序直接将代码发送给操作系统，特别是通过使用应用程序初始的命令 Shell。

（3）使用校验和或哈希值验证编译后的代码、库文件、可执行文件和配置文件的完整性。

（4）使用死锁来防止多个同时发送的请求，或使用一个同步机制防止竞态条件。

（5）在同时发生不恰当的访问时，保护共享的变量和资源。

（6）在声明时或在第一次使用前，明确初始化所有变量和其他数据存储。

（7）当应用程序运行发生必须提升权限的情况时，尽量晚地提升权限，并且尽快放弃所提升的权限。

（8）通过了解使用的编程语言的底层表达式，以及它们是如何进行数学计算的，从而避免计算错误。密切注意字节大小依赖、精确度、有无符合、截尾操作、转换、字节之间的组合、"not-a-number"计算，以及对于编程语言底层表达式如何处理非常大或者非常小的数。

（9）不要将用户提供的数据传递给任何动态运行的功能。

（10）限制用户生成新代码或更改现有代码。

（11）审核所有从属的应用程序、第三方代码和库文件，以确定业务的需要，并验证功能的安全性，因为它们可能产生新的漏洞。

（12）执行安全更新。如果应用程序采用自动更新，则为代码使用加密签名，以确保下载客户端工具验证这些签名。使用加密的信道传输来自主机服务器的代码。